電気工事現場チェックの勘どころ

ポケットハンドBOOK

株式会社 きんでん 編

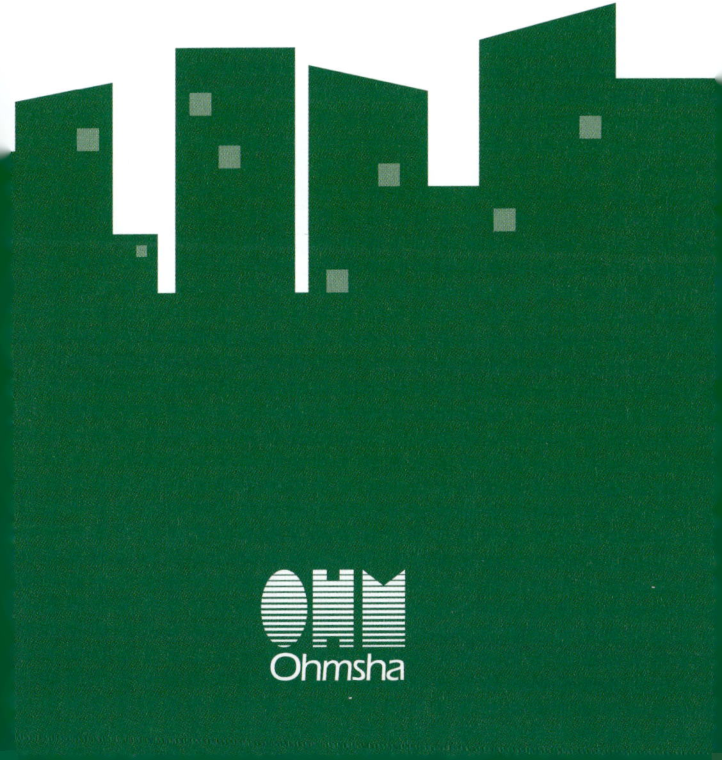

Ohmsha

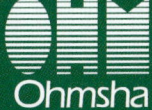

本書を発行するにあたって，内容に誤りのないようできる限りの注意を払いましたが，本書の内容を適用した結果生じたこと，また，適用できなかった結果について，著者，出版社とも一切の責任を負いませんのでご了承ください．

本書は，「著作権法」によって，著作権等の権利が保護されている著作物です．本書の複製権・翻訳権・上映権・譲渡権・公衆送信権（送信可能化権を含む）は著作権者が保有しています．本書の全部または一部につき，無断で転載，複写複製，電子的装置への入力等をされると，著作権等の権利侵害となる場合があります．また，代行業者等の第三者によるスキャンやデジタル化は，たとえ個人や家庭内での利用であっても著作権法上認められておりませんので，ご注意ください．

本書の無断複写は，著作権法上の制限事項を除き，禁じられています．本書の複写複製を希望される場合は，そのつど事前に下記へ連絡して許諾を得てください．

出版者著作権管理機構
（電話 03-5244-5088, FAX 03-5244-5089, e-mail: info@jcopy.or.jp）

JCOPY ＜出版者著作権管理機構 委託出版物＞

■ はじめに ■

　近年、客先の品質要求がますます厳しくなり、品質管理業務の重要性が増しています。そのため、若手社員だからといって「単純な施工ミス」や「知識不足に伴う手戻り工事」は許されなくなりました。

　品質管理については様々な書籍がありますが、「机上」で知識を得るスタイルが中心であり、生きた知識を、学ぶことができるはずの「現場」では、時間的・工程的に余裕がある物件は、非常に少ないのが現状です。

　今回、若手社員の担当者が現場をチェックするとき、工程や作業内容に応じて「現場で何をチェックしたらいいか？」という内容を中心に本書をまとめました。先輩から「施工状況をチェックしてきなさい！」と指示されたとき、この冊子を現場に持って行き、「チェックポイント」だけでも確認すれば、現場を見る目が養われるはずです。

　現場チェックがタイムリーかつ効率的に行えるよう活用して下さい。

Contents

ガイドマップ……………………………………… 5

1 共通事項
1-1 墨出し……………………………………… 7
1-2 工事写真…………………………………… 9

2 着手前検討
2-1 設計図・プロット図……………………… 11
2-2 大型重量物搬入計画……………………… 13
2-3 鉄骨スリーブ……………………………… 15

3 躯体工事
3-1 接地極工事………………………………… 17
3-2 スリーブ工事……………………………… 19
3-3 インサート工事…………………………… 21
3-4 スラブ配管・BOX工事…………………… 23
3-5 建込配管・BOX工事……………………… 25

4 内装工事
4-1 あと施工アンカー工事…………………… 27
4-2 ケーブルラック工事……………………… 29
4-3 隠ぺい配管・配線工事…………………… 31
4-4 LGS建込配管工事………………………… 33
4-5 幹線ケーブル配線工事…………………… 35
4-6 ボンディング接地工事…………………… 37
4-7 ケーブル接続工事………………………… 39
4-8 機器接続工事……………………………… 41
4-9 照明設備工事……………………………… 43
4-10 各種区画処理工事………………………… 45

4-11 天井下地関連工事……………………… 47

4-12 天井ボード関連工事……………………… 49

5 仕上げ・外構

5-1 建柱及び装柱工事………………………… 51

5-2 外構埋設配管・配線工事………………… 53

5-3 露出配管・配線工事……………………… 55

5-4 レースウェイ工事………………………… 57

5-5 OAフロアー内配線工事………………… 59

5-6 重量物搬入工事…………………………… 61

5-7 重量物機器等据付工事…………………… 63

5-8 キュービクル式受電設備………………… 65

5-9 動力・電灯盤　盤内配線工事…………… 67

5-10 照明器具取付工事………………………… 69

5-11 配線器具取付工事………………………… 71

5-12 塗装工事…………………………………… 73

5-13 外壁貫通部処理工事……………………… 75

6 検査

6-1 耐圧・リレー試験………………………… 77

6-2 強電設備測定試験………………………… 79

6-3 弱電設備総合試験………………………… 81

6-4 試運転調整………………………………… 83

6-5 積算電力計………………………………… 85

6-6 総合連動試験……………………………… 87

6-7 消防検査…………………………………… 89

6-8 建築確認検査……………………………… 91

7 トピック集

- 7-1 サーモラベル……………………………… 93
- 7-2 打込配管べからず集……………………… 95
- 7-3 天井の貼り芯って何？…………………… 97
- 7-4 仮設送電チェック………………………… 99
- 7-5 OAフロア内工事べからず集…………… 101
- 7-6 コンセントの極性チェック……………… 103
- 7-7 ストリップゲージ………………………… 105
- 7-8 FL、SL、GLの違い …………………… 107
- 7-9 防火区画壁の処理………………………… 109
- 7-10 現場で使用する概数……………………… 111

8 資料

- ケーブルを収容する電線管サイズ……………… 119
- CPEVに対する電線管の太さ …………………… 125
- HPケーブルに対する電線管の太さ …………… 126
- 同軸ケーブル対電線管…………………………… 127
- 通信ケーブル対電線管…………………………… 128
- CVケーブル許容電流表 ………………………… 131
- VVR・CVTケーブル許容電流表 ……………… 132
- 電力接地線の太さ（最小）……………………… 133
- 各種感知器の設置………………………………… 134
- 制御器具番号（JEM 1090）…………………… 135
- 諸官庁届出申請一覧（標準）…………………… 136
- 防災対象物一覧表………………………………… 138

ガイドマップ
「現場チェックの 勘どころ」

現場チェック時のまさしく「勘どころ」です。現場で何をみるのか？何をチェックするのか？を記入しています。一度読むと現場が違って見えますよ!

「これを知らずして現場管理は出来ない」バイブルです。

1 共通事項
1-1 墨出し

「墨出しはどこから…？」

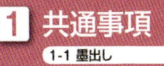 勘どころ

機器を決められた位置に取り付けるには、基準が必要です。それが建築基準墨であり、墨出し作業を円滑に、しかも精度良く進めていくために重要な役割を担うものです。

現場工程にあわせて1.共通事項〜6.検査の順に進んで行きます。

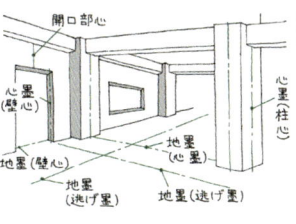

現場チェック時に抜けそうなポイントを「トピック集」としてまとめました。「ドキッ」とする事もありますよ!

■建築基準墨について

- **地墨** (じずみ): 工事中に床など水平面に直に付ける墨の総称です。
- **心墨** (しんずみ): 建物の基準線（通り芯）、壁、開口部等の中心線に打つ墨です。
- **逃げ墨** (にげずみ): 墨を出す場所に障害物等があり作業できない時、そこから1mなど離れた場所に出す墨。寄り墨、返り墨も同様の意味です。

7

読み進めて行くと色々なポイントがあちこちにあります。現場での悩みが解消されるかも？

巻末には現場で便利な各種資料をつけました。

ガイドマップ
「現場チェックの勘どころ」

みなさんの先輩が過去に失敗した事をつぶやいています。耳を傾けて下さい。

「逃げ墨」の例です。現場で探してみましょう。

---

① 共通事項　1-1 墨出し

💬 先輩のつぶやき…

◆逃げ墨について
・逃げ墨は通り芯のみとは限りません。下記のように壁芯からの場合もあります。

五〇〇返り

壁心から500mm
壁心

◆床高さについて
- **FL（フロアライン）**：床の仕上げ（内装床）高さを指します。建築図では各階の床の基本となる床の仕上高さです。
- **SL（スラブライン）**：躯体コンクリートの高さ（構造体の床で内装床高さではない）を指します。

・しかし建築の基準床の高さ（FL）は必ずしも床仕上げの高さではありません。機器取付時に各室の仕上げ高さを確認しよう。

確認しましたか？
- □ 機器取付場所周辺に「建築基準墨」はあるか？
- □ 「逃げ墨」は何からの「逃げ」か確認したか？
- □ 仕上げ床の高さは確認したか？

8

現場をチェックするときに必ずチェックすべきポイントです。
「フロア毎」や「工区毎」にチェックしましょう

➡ コピーして必要部数作成して、チェックの記録も残しましょう。

1 共通事項

1-1 墨出し

「墨出しはどこから…?」

 勘どころ

　機器を決められた位置に取り付けるには、基準が必要です。それが建築基準墨であり、墨出し作業を円滑に、しかも精度良く進めていくために重要な役割を担うものです。

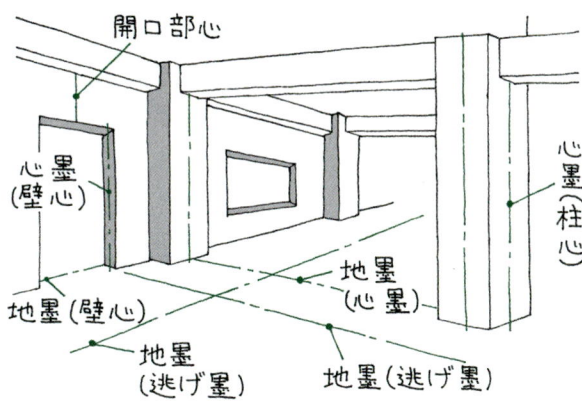

■建築基準墨について

- **地墨**（じずみ）　：工事中に床など水平面に直に付ける墨の総称です。

- **心墨**（しんずみ）：建物の基準線（通り芯）、壁、開口等の中心線に打つ墨です。

- **逃げ墨**（にげずみ）：墨を出す場所に障害物等があり作業できない時、そこから1mなど離れた場所に出す墨。寄り墨、返り墨も同様の意味です。

1 共通事項　1-1 墨出し

> 先輩のつぶやき…

◆逃げ墨について

- 逃げ墨は通り芯のみとは限りません。下記のように壁芯からの場合もあります。

◆床高さについて

- **FL**（フロアライン）： 床の仕上げ（内装床）高さを指します。建築図では各階の床の基本となる床の仕上高さです。
- **SL**（スラブライン）： 躯体コンクリートの高さ（構造体の床で内装床高さではない）を指します。
- しかし建築の基準床の高さ（FL）は必ずしも床仕上げの高さではありません。機器取付時に各室の仕上げ高さを確認しよう。

確認しましたか？

- ☐ 機器取付場所周辺に「建築基準墨」はあるか？
- ☐ 「逃げ墨」は何からの「逃げ」か確認したか？
- ☐ 仕上げ床の高さは確認したか？

1 共通事項

1-2 工事写真

「撮影計画はたてましたか？」

 勘どころ

工事写真は無計画に撮影すれば無駄になることが多いものです。工事写真計画書を作成し、計画的に写真を撮影しましょう。

「目的」
工事経過の記録（特に、後で確認出来ない部分）及び使用材料、施工方法の記録のため。

「撮影者」
撮影者は、その工事内容および撮影目的をよく理解して撮影する。

「カメラ」
工事写真を撮影するので、持ち運びが楽で、簡単で撮影しやすい機種を選定しましょう。

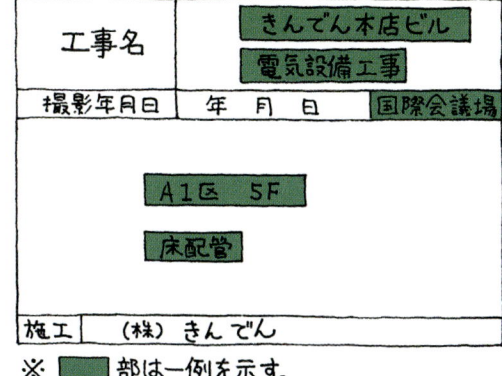

※ ■部は一例を示す。

「使用機材」
（1）スケール　（2）リボンテープ　（3）箱尺

1 共通事項　1-2 工事写真

> 先輩のつぶやき…

◆撮影者について

・工事写真は全体的に着工前～施工中～施工後の順序で撮影しましょう。

・撮影担当者をあらかじめ決めて、写真整理も責任をもって担当させましょう。

・特殊施工方法、特に客先にアピールしたい場合は、ビデオ撮影を行なうと効果的です。

◆品質について

・施工要領書及び施工図に基づき確実に施工した記録として撮影します。（他設備の不具合は写らないようにする）

・撮影場所の確認ができるように黒板に略図又はポイントを入れ撮影し、施工図上に撮影点を記入しておきます。

・撮影時期を工程から把握をし、着工前、施工中、完成時と段階毎に撮影をします。

・客先等と立会い試験を行なった場合は、その記録として検査員を入れて撮影します。

確認しましたか？

- [ ] 施工の流れを考えて撮影しているか？
- [ ] 施工要領書に合った適正な施工方法の写真が撮れているか？
  （他設備不具合が写っていないか）
- [ ] 黒板に記入もれや間違いがないか？
  （現場名、撮影日、場所、施工内容等）

2 着手前検討

2-1 設計図・プロット図

「他設備と整合してる？」

 勘どころ

建築確認申請図は、設計図に修正事項を書き込みの上受理されていることもあるので、最初に確認申請図（副本）と設計図の内容に相違がないか確認しましょう。

また、建築図・他設備図と整合していない場合もあるので、容量・納まり等も再度確認しましょう。プロット図は全設備が網羅されてなければ、後で問題が発生するので、十分検討し、客先にも確認しましょう。

設計図とプロット図の関係

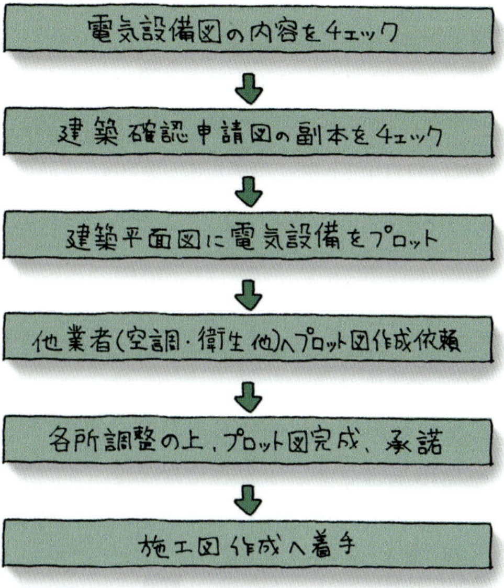

- 電気設備図の内容をチェック
- ↓
- 建築確認申請図の副本をチェック
- ↓
- 建築平面図に電気設備をプロット
- ↓
- 他業者（空調・衛生 他）へプロット図作成依頼
- ↓
- 各所調整の上、プロット図完成、承諾
- ↓
- 施工図作成へ着手

2 着手前検討 2-1 設計図・プロット図

 先輩のつぶやき…

◆設計図について
- 電気設計図のみ確認するのではなく、他設備の図面もチェックする。
- 設計図書・現場説明資料・質疑応答書は十分確認する。
- 建築図・設備図で工事区分が違う場合は、契約図書を確認し、相違があれば営業担当者に経緯を確認する。

◆プロット図について
- 他設備の配置（空調室内機等）も考慮し電気設備のプロット図を作成すれば、無駄な修正作業が発生しません。
- 建築平面図は確認の上、最新版を使用します。
- プロット図作図工程は、現場施工図進捗に問題ないように作成します。（プロット図承諾後、施工図作成開始です）
- プロット図作成順序を現場内で着工前に決定します。（例）電気→設備→電気→建築（保管）等
- 基準となるプロット図（基準展開図等）を事前に作成しましょう。

確認しましたか？
- ☐ 建築・他設備との整合はとれているか？
- ☐ 確認申請図をチェックしたか？
- ☐ プロット図の承諾工程は、現場施工工程に問題ないか？

2 着手前検討

2-2 大型重量物搬入計画

「搬入経路・重量を確認して建築へ」

 勘どころ

　大型重量物の搬入計画は、メーカーに重量、納期を確認し、建築業者と着手時に打合せを行いましょう。

　仮設開口等が必要になると、建築工程に大きく影響するので躯体図作成前に搬入経路を十分検討しましょう。

　又、他業者と同時搬入することで、クレーン等の機器リース費を節減する事も検討しましょう。

■その他検討事項

・搬入経路のマシンハッチ要否

・道路占有許可の要否

・他業者との搬入時期の調整

② 着手前検討　2-2 大型重量物搬入計画

先輩のつぶやき…

◆搬入場所について
- 電気室は、地下や屋上等に計画されることが多いので、搬入ルート・方法の早期検討が必要です。
- 基礎コンクリート打設後機器設置までに養生期間が必要です。養生期間も考慮の上、基礎打設を依頼します。
- キュービクル等の下部の防水、防塵工事は、搬入後に施工できないので、搬入前に完了するように工程調整を行ないます。
- 揚重機設置期間（仮設クレーン設置期間）を建築に確認し、出来るかぎり建築用仮設クレーンを使用するように計画しましょう。

◆搬入場所について
- 搬入ルートはメンテナンスも検討したルートになってますか？
- 搬入作業時の雨対策は検討していますか？（必ず晴れるとは限りません）

確認しましたか？

- ☐ 重量・搬入経路は確認したか？
- ☐ 搬入計画書は作成したか？
- ☐ メンテナンス時の搬出入方法も確認したか？
- ☐ 建築の揚重クレーン計画を確認したか？

② 着手前検討

2-3 鉄骨スリーブ

「短期間で抜けなくチェック！」

 勘どころ

　鉄骨スリーブの検討は、着工後すぐに行なう必要があり、非常に短時間なため、確実に必要な箇所を検討し、抜けなく依頼しましょう。

　特に幹線ルート（引込ケーブルも含む）は簡単に梁下で迂回させることは難しいので、入念にチェックしましょう。

・梁下の天井有効寸法の検討。

・EPS周囲の幹線ルートの検討。

・引込用スリーブ検討（地中、壁貫通等）

鉄骨スリーブの耐火被覆前の取付状況です。

2 着手前検討 2-3 鉄骨スリーブ

 先輩のつぶやき…

◆鉄骨スリーブについて

- どうしても梁下では無理な場所を検討しましょう。
- スリーブ取付・補強には費用が発生する場合もあるので、仕様書の区分を必ずチェックすること。
- 鉄骨加工完了後は現地加工は基本的に不可です。従って必要な箇所は着工後速やかに検討が必要です。
- 外部引込ルートは電力会社にレベルを指示されるので早急に打合せをし、スリーブ位置を決定しましょう。

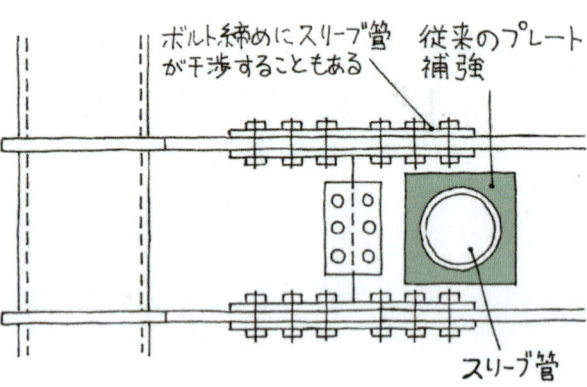

- 貫通孔部は、断面欠損部分を補強板材、スリーブ管で補強が必要です。

確認しましたか？

- ☐ 天井内の配管・配線スペースは確認したか？
- ☐ 幹線ルートはチェックしたか？
- ☐ 設備工事のスリーブとレベルを確認したか？

3 躯体工事

3-1 接地極工事

「接地極は電位の基準!」

 勘どころ

建物の工事が始まり、基礎の掘削が始まると、さあ電気工事の始まりです。

接地極工事には、いろいろな決まりごとがあります。

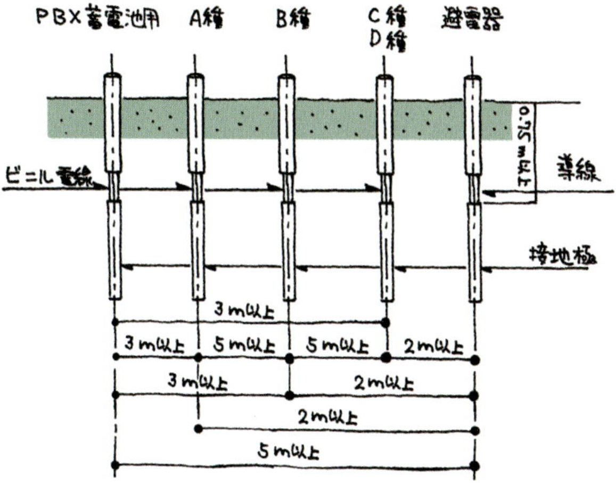

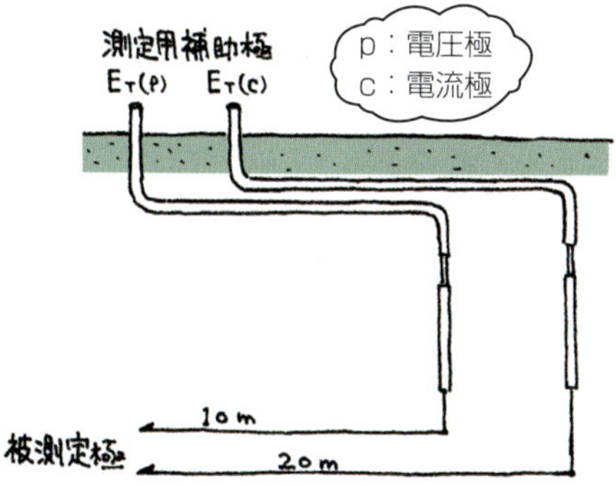

③ 躯体工事　3-1 接地極工事

> 先輩のつぶやき…

◆工程について
- 接地極埋設は建物基礎用掘削が完了し、埋め戻されるまでに施工すれば、掘削する手間が省けます。

◆埋設深さ・極相互間隔にについて
- 埋設深さ、極の相互間隔は前項を参考のこと。
- 接地抵抗が下がらず、極を並列して埋設する場合は、2m以上の間隔をあけて埋設すること。

◆水切りについて
- 電線内を伝って水が建物内に浸入（毛細管現象）するので、水切り端子を必ず施工すること。
- 水切り端子は、絶縁ゲージ等を使って、他の金属体（鉄筋等）から絶縁すること。

◆規定の接地抵抗値が得られない場合
- 工事の監理者と協議の上、接地抵抗低減材を使用することもできます。

確認しましたか？

- ☐ 接地の種別・数を設計図で確認したか？
- ☐ 建物基礎掘削時期を確認したか？
- ☐ 建物内への取込ルートは確保したか？
- ☐ B種接地抵抗値は電力会社と協議したか？

3 躯体工事

3-2 スリーブ工事

「躯体業者との共同作業！」

 勘どころ

　電気工事にとって、躯体貫通は必要です。しかし、建物にとっては強度を下げる要因となるので、躯体（梁・床・壁）のスリーブ取付工事には、配置や本数、補強方法などいろいろな制約があります。

梁貫通可能範囲の一例
※一般的なRC梁の場合

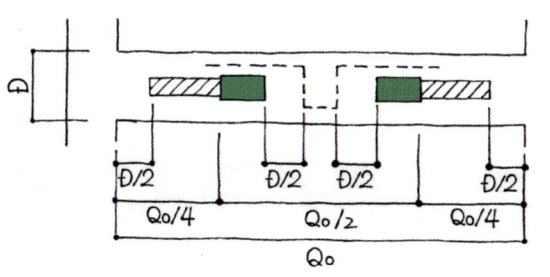

- 貫通孔の大きさは梁成Dの1/3以下。
- 連続貫通の場合は孔径の3倍以上離す。
- 孔の上下方向は下表による。

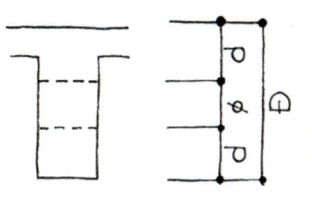

D<900	d≧200
D≧900	d≧250

- 特記仕様がある場合は、その仕様に従うこと。

3 躯体工事 3-2 スリーブ工事

> 先輩のつぶやき…

◆施工区分
- 物件によっては、スリーブの墨出し、取付、補強の施工区分は様々です。設計図等でよく確認しましょう。

◆スリーブの材質、種別
- 紙ボイド、塩ビ管、実管、つば付き等いろいろありますが、事前に施工要領書等で施工部位と使用する種別を確認しましょう。

◆墨出し
- スリーブを取り付けるのに、鉄筋が邪魔で図面通りの位置に入らない！なんてことにもなります。鉄筋工事着手前に取付位置を現地に書いておきましょう。

◆補強について
- 補強材の手配は、建築工事区分となっている場合が多い。施工区分確認後、補強材の数量・サイズを早く建築担当者に伝えましょう。

◆開口養生について
- 床スリーブの場合、踏み抜くと危険なので必ず開口養生する必要があります。大開口の場合、蓋付きのスリーブを使用すると、開口養生の手間が省けます。

確認しましたか❓

- ☐ 墨出し・補強等の施工区分は確認したか？
- ☐ 施工部位に適した材質か？
- ☐ 取付方法、補強方法は確認したか？
- ☐ 配筋前に墨出しを行なったか？

3 躯体工事

3-3 インサート工事

「事前検討の賜物です！」

 勘どころ

　インサートは、配管・配線・機器などを取り付けるための受け金具ですが、躯体工事と平行して施工しなければなりません。

　インサートの打設時期までには、機器の配置、配管・配線ルートを決定しておきましょう。

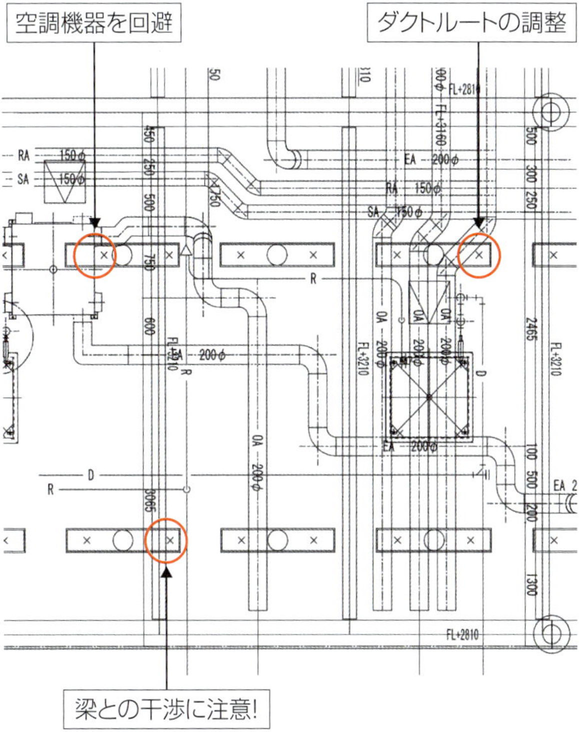

空調機器を回避

ダクトルートの調整

梁との干渉に注意!

3 躯体工事 3-3 インサート工事

> 先輩のつぶやき…

◆インサートの色分けについて
・電気、設備、建築工事毎の色分けを事前に決めます。電気工事は、赤色を使用することが多いです。

◆インサートの種類について
・取付部材の重量、取り付ける部位、取付面の仕上等によって使用する種類が変わるので、施工要領書、カタログ等でよく確認しましょう。
　○重量 ： ケーブルラック・照明器具・配線
　○部位 ： 型枠・デッキプレート・断熱材
　○仕上 ： 素地、断熱材吹付

・固定に鉄釘を使用すると、型枠解体後釘の切断と錆止めが必要です。樹脂釘タイプなら錆止めの手間が省けます。

◆施工について
・鉄筋工事前に施工できるように調整し、コンクリート打設前に最終確認をします。

◆空調設備との取り合いについて
・打設時期には、打合せ用の空調施工図ができているので、電気施工図と重ね合わして、干渉を事前に確認しましょう。

確認しましたか？

- □ インサートの色は、業者間で取り決めたか？
- □ 打設部位、重量に適した種類を確認したか？
- □ 空調機器、ダクトとの干渉は確認したか？

3 躯体工事

3-4 スラブ配管・BOX工事

「配管ルートの検討をしよう」

 勘どころ

　打込み配管のルートを作業員任せにして、建築工事担当者から大目玉を食らった経験はありませんか？

　打込み配管は、躯体の強度を下げてしまうので、施工方法には様々な決まりごとがあります。

　また、事前に本数・ルートを確認して、できるだけ交差や集合がないように施工図を作成しましょう。

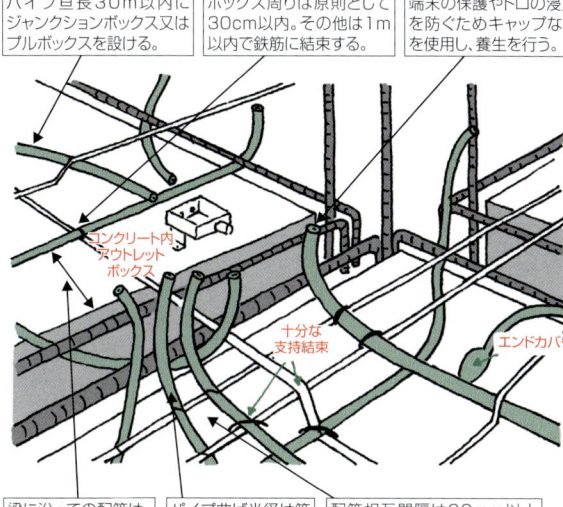

パイプ亘長30m以内にジャンクションボックス又はプルボックスを設ける。

ボックス周りは原則として30cm以内。その他は1m以内で鉄筋に結束する。

端末の保護やトロの浸入を防ぐためキャップなどを使用し、養生を行う。

コンクリート内アウトレットボックス

十分な支持結束

エンドカバー

梁に沿っての配管は、梁面より500mm以上離して行うこと。

パイプ曲げ半径は管内径の6倍以上を原則とする。直角又はこれに近い屈曲は設けないこと。

配管相互間隔は30mm以上とること。

3 躯体工事 3-4 スラブ配管・BOX工事

先輩のつぶやき…

◆施工方法
・現場によって仕様書、客先基準が定められている場合があるので注意しましょう。

◆配管ルート
・事前に全ての打込み配管を洗い出して、できるだけ交差・集合がないルートを検討する。

◆配管すべきでない場所
・構造的に通せない場所以外にもいろいろあります。
  ○開口部まわり
    後からはつり工事が入り配管が損傷する可能性大！
  ○PS部分
    竣工後もはつり、コア抜きをする可能性大！
  ○重量機器まわり
    あと施工アンカーで配管が損傷する可能性大！
  ○外壁及び屋上スラブ
    スラブがひび割れ、雨漏りの原因になります。

◆施工写真について
・打込まれた配管は後で確認することができません。必ず写真を撮影しておくこと。

確認しましたか？

- □ 現場特有の施工基準は確認したか？
- □ 配管ルート、交差の事前検討はしたか？
- □ 配管を避けるべき場所は確認したか？
- □ 施工写真を撮影したか？

③ 躯体工事

3-5 建込配管・BOX工事

「鉄筋がくるか！型枠がくるか？」

 勘どころ

　躯体壁の施工順序は、型枠先行、鉄筋先行など現場によって様々ですが、いずれにしても建込配管の施工は短期間で行なわなければなりません。

　手戻りなく施工するために、建込配管施工時の注意点について考えてみましょう。

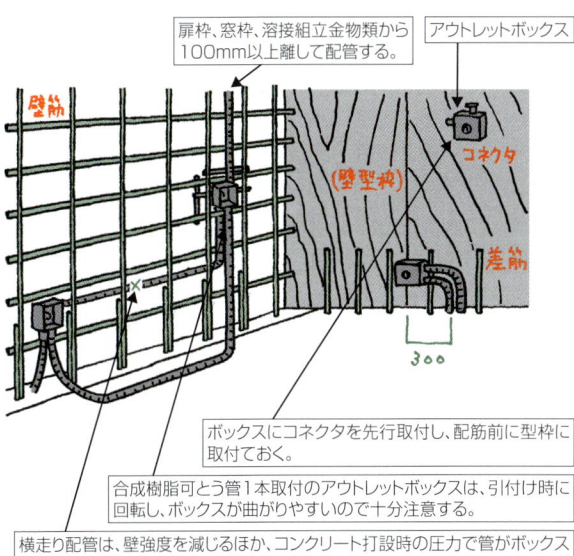

扉枠、窓枠、溶接組立金物類から100mm以上離して配管する。

アウトレットボックス

ボックスにコネクタを先行取付し、配筋前に型枠に取付けておく。

合成樹脂可とう管1本取付のアウトレットボックスは、引付け時に回転し、ボックスが曲がりやすいので十分注意する。

横走り配管は、壁強度を減じるほか、コンクリート打設時の圧力で管がボックスより外れる恐れがあるため、原則として行わない。

3 躯体工事　3-5 建込配管・BOX工事

先輩のつぶやき…

◆施工方法
- 前頁に建込配管のきんでんの社内基準の例を載せていますが、現場によって別途定められている場合があります。仕様書、建築業者社内基準なども確認が必要です。

◆配管ルート
- コンクリートの打設時に支障になる配管（横引き配管）は避けましょう。配管が切れてしまう場合もあります。

◆効率よく施工するために
- 施工図にボックスの種類、塗代カバーの種類を記載すること。
- 墨出しは事前に行ないます。
- ボックスの組立（コネクタの接続、トロ侵入防止）は事前に行ないます。

◆施工写真について
- 打込まれた配管は後で確認することができません。必ず写真を撮影しておくこと。

確認しましたか？

- ☐ 現場特有の施工基準は確認したか？
- ☐ 配管ルートの事前検討はしたか？
- ☐ 墨出し、ボックスの事前組立は行なったか？
- ☐ 施工写真を撮影したか？

4 内装工事

4-1 あと施工アンカー工事

「あと施工アンカーは多種多様」

 勘どころ

あと施工アンカーボルトは多種多様な種類があり、取り付ける機器の重量などによって適切に選定、施工する必要があります。

```
                          ┌─ 打込方法
         ┌─ 金属拡張アンカボルト ─┤
         │   (メカニカルアンカボルト)  │
         │        ①         └─ 締付方法
         │
あと施工アンカボルト ─┤         ┌─ カプセル型
         │  接着系アンカボルト ─┤
         ├─ (ケミカルアンカボルト)  │
         │        ②         └─ 注入型
         │
         ├─ 箱抜アンカボルト ③
         │
         └─ その他のアンカボルト類
```

①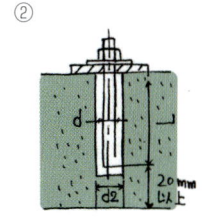
a)「おねじ形」 b)「めねじ形」
〔金属拡張アンカ〕

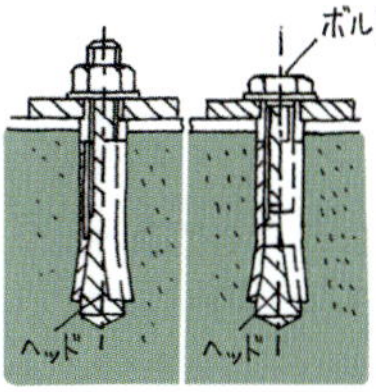

② ③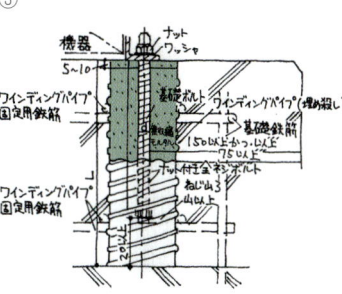

④ 内装工事　4-1 あと施工アンカー工事

先輩のつぶやき…

◆選定に際して
・下記項目を事前確認
1) 施工場所の環境（屋内外等）
2) 取付ける機器の重量と寸法
3) 取付状態（吊下、壁付等）
4) 荷重の種類（長期、短期等）
5) 作用する力
    ・水平、垂直地震力
    ・機器の重量、重心
    ・風圧、積雪等

・具体的な選定手順については、各種の「施工要領書作成の手引き」等を参照のこと

◆施工に関して
・ハンマードリルのキリ径は、アンカーの耐荷重性能に大きな影響を与えるので注意すること。

・接着系アンカボルトは、削孔の清掃が大切です。

・使用材料の写真を撮影しておくことも必要です。
（製品が間違いなく仕様書どおりであることの証）

・現場によっては、民間資格「あと施工アンカー作業資格」が要求されることもあります。

確認しましたか？

- ☐ アンカーボルト選定の事前検討は行ったか？
- ☐ アンカーボルトの施工説明書は確認したか？
- ☐ 適正な工具を準備したか？
- ☐ 資格者証の提示の要否を確認したか？

4 内装工事

4-2 ケーブルラック工事

「多条ケーブル配線はこれに決定！」

 勘どころ

　分電盤や配電盤から出る大量のケーブルをまとめて施工できるのがケーブルラック工事です。施工図でケーブルラックサイズを確認して吊ボルトサイズを間違わないように施工しましょう。

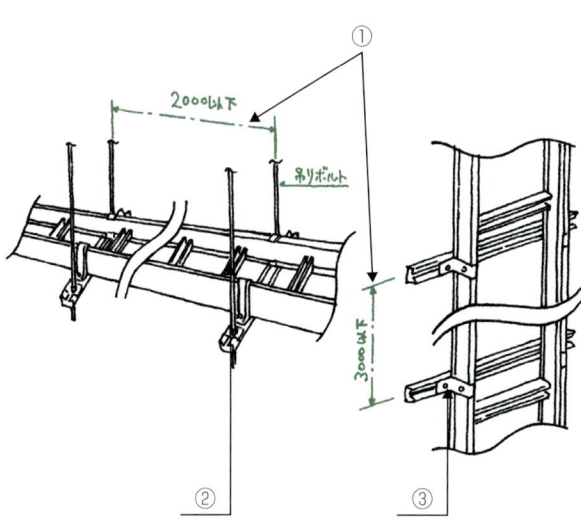

■施工について

① : 支持間隔は基準どおり守られています。

② : 吊ボルトサイズは、ラック幅にあわせた施工が必要です。（600mm巾超えるものは12mm必要）

③ : 垂直ラックの支持は、横縫い金具を使用して固定します。

4 内装工事 4-2 ケーブルラック工事

 先輩のつぶやき…

◆工程について

- ALC、LGS壁などと干渉する部分は、事前に開口依頼を行いましょう。
- 二重天井内にケーブルラックを布設する場合は、天井高およびラック下端の確認が重要です。
- 型枠解体工事が完了すれば、現地でラックルートを確認しましょう。

◆品質について

- ケーブルラックの水平支持間隔は2m以下、垂直支持は3m以下です。ただしEPSなどで床に支持を設ける場合は、6m以内の支持が必要です。
- 吊ボルトサイズは、ラック幅600mm以内は9mm以上、600mmを超える場合は、12mm以上のサイズを使用する。
- 耐震支持は仕様書通りか確認しましょう。
- 工場など客先仕様がある場合があります。注意しましょう。

確認しましたか？

- ☐ ケーブルラックは施工図どおりか？
  （ラックルート、サイズ、セパレーターの有無）
- ☐ 接地ボンドはとれているか？
- ☐ 支持間隔は規定内か？
- ☐ 吊ボルトはケーブルラックの幅にあったサイズを使用しているか？

4 内装工事

4-3 隠ぺい配管・配線工事

「隠ぺい工事はルート確保が先決」

勘どころ

現場の工程を短縮させるために、天井内先行配線工事は非常に有効な施工方法です。

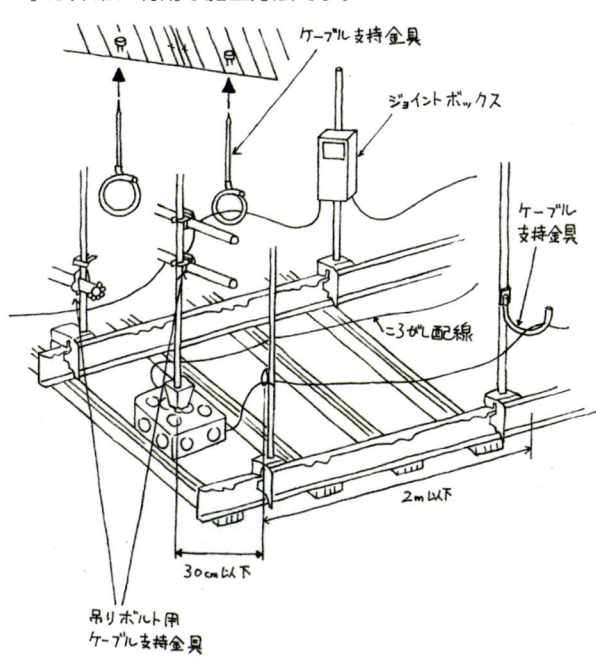

（図：ケーブル支持金具、ジョイントボックス、ころがし配線、吊りボルト用ケーブル支持金具、2m以下、30cm以下）

■施工について

・コンクリート打設時に、インサートを打ち込みルートを確保します。

・ケーブルをまとめて配線する場合、結束本数を考えて施工しましょう。

・支持間隔は基準どおり守られています。

④ 内装工事　4-3 隠ぺい配管・配線工事

> 先輩のつぶやき…

◆工程について

・施工図で配線本数、長さを確認し寸法切を行い、作業前に加工を行なうことで時間短縮が図れます。

・先行配線ルートに壁貫通が必要な場合は、貫通上部にスラブ内先行配管（伏せ配管）を入れ配線することにより、ボード貼りが可能になり先行配線ができます。

・梁横断箇所があれば、事前に梁貫通スリーブを施工しておくと、天井内が狭くてもスムーズに配線ができます。

◆品質について

・隠ぺい配線のケーブルの支持ピッチは2m以下、合成樹脂可とう管は1.5m以下に支持します。

・VVFケーブル結束本数は、7本以下とする。

・ケーブルを傷つけそうな部分、他設備との接触部分は、ゴムシート等で保護を行う。

確認しましたか？

- [ ] ケーブルサイズは施工図どおりか？
- [ ] 配管サイズ、本数は施工図どおりか？
- [ ] ケーブルの先端に回路番号は記入しているか？
- [ ] 支持材はケーブル本数に適したものか？
- [ ] ケーブルの結束本数は7本以下か？
- [ ] 支持ピッチは規程どおりか？

4 内装工事
4-4 LGS建込配管工事

「きっちりきめよう寸法を！」

💡 勘どころ

　LGS建込配管工事で一番重要なのは、指定された位置へ確実にボックスを固定することです。

　器具付け工事に大きく影響するので、寸法間違いに注意して確実に施工をしましょう。

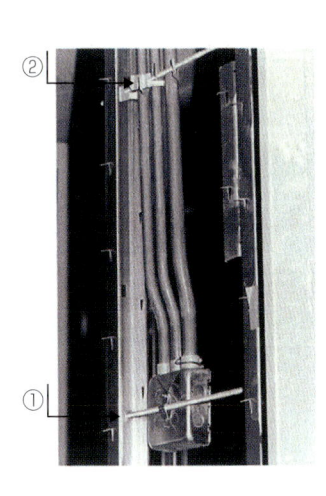

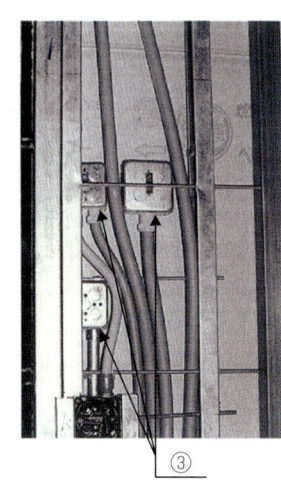

■施工について

①：ボックスは、LGSに金物で強固に固定します。

②：配管も、ボックス同様に強固に固定します。

③：スイッチ・コンセント等が並ぶ場所では、高さ、間隔を統一します。

④ 内装工事 　4-4 LGS建込配管工事

> 先輩のつぶやき…

◆工程について

- 施工図でボックスの大きさ・塗代カバーの種類等を確認して、事前に加工しておきましょう。
- 最初に墨出しを行い、ボックスがLGSとあたらないか確認します。あたる部分があれば、建築担当者と協議をし、施工方法を決定します。
- 立上げ配管の取出し位置が施工図とあっているか確認しましょう。

◆品質について

- 合成樹脂配管の支持間隔は1.5m以下、金属配管は2m以下。(ボックスからは0.3m以下)
- ボックスを背中合わせに取り付けることは極力避けます。(声・音が漏れる)
- 防火区画壁には、鋼製ボックスを使用します。
- LGSの振れ止め材があり、立ち上げ配管ができない場合は協議し、切断の可否の指示を受けましょう。

確認しましたか❓

- ☐ ボックスの取付け位置は図面どおりか？
- ☐ 支持・固定状況は問題ないか？
- ☐ 勝手にLGSを移動・切断をしていないか？
- ☐ 塗代カバーの向き・形は図面どおりか？
- ☐ 防火区画壁は鋼製ボックスを使用しているか？
- ☐ ボックスの位置を床に墨出ししているか？
- ☐ ボックスがLGS内におさまっているか？
  (下げ振りでボックスの「出」を確認する)

4 内装工事

4-5 幹線ケーブル配線工事

「幹線ケーブルにストレスは禁物」

勘どころ

幹線ケーブル配線時ケーブルにストレスを与えると絶縁劣化の恐れがあります。

ケーブルの曲げ半径・支持位置・支持材等、十分に検討しましょう。

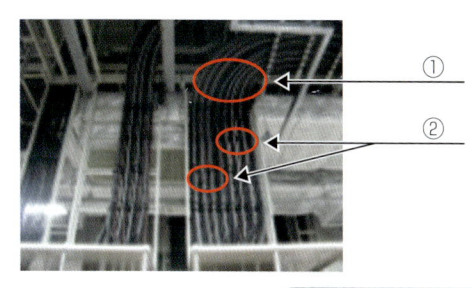

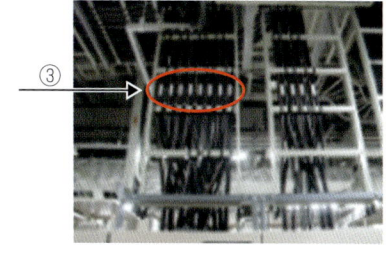

■施工について

①：ケーブル曲げ半径は、規定許容範囲内で施工します。

②：ケーブルの垂直配線支持は、特定の子桁に荷重が集中しないよう分散支持します。

③：ケーブルに名称札を取り付けケーブルサイズ、行先表示を行ないます。

④ 内装工事　4-5 幹線ケーブル配線工事

> 先輩のつぶやき…

◆工程について

- 幹線ケーブルを手配する時は、幹線番号、サイズ、長さなどの表を作成して手配し、ケーブルドラムに明記させて納入させましょう。
- 二重天井部分は、天井下地工事が始まる前に幹線ケーブルを入線するように工程を考えましょう。
- 受電日から逆算して、キュービクルへの幹線配線及び接続工事の時期を検討します。
- ウインチ、金車を使用する場合は、事前に「入線計画書」を作成し、十分な検討をします。

◆品質について

- ラック上のケーブルの支持間隔は、水平距離3m以下、垂直距離1.5m以下にします。
- 弱電ケーブルに接触しないよう施工します。
- 高圧配線は、他の配線・水管・ダクト・ガス管から150mm以上離隔をとり、人が触れる恐れのないように配線します。

確認しましたか？

- ☐ ケーブルにストレスがかかっていないか？
- ☐ 支持材はケーブルの重量に適したものか？
- ☐ 支持ピッチは規程どおりか？
- ☐ 弱電ケーブルと離隔がとれているか？
- ☐ 名称札が必要な箇所に取付けられているか？

4 内装工事

4-6 ボンディング接地工事

「電気のあるところ接地あり」

💡 **勘どころ**

電気設備機器に接地はどうして必要なのでしょうか。接地線が接続されていない機器で漏電が発生した状態で人が触ると感電します。

工事中は配管工事やラック工事が目立ち、接地工事はついつい忘れがちな存在ですが、いざ電気を使用するときは、絶対になくてはならないものです。

「電気のあるところ接地あり」必ず送電前に、接地を確認しましょう。

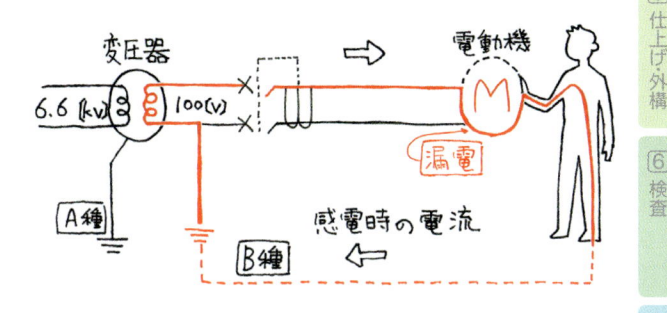

接地工事が施されていれば、アースに電気が流れ、漏電遮断器が働き保護してくれます。

④ 内装工事 4-6 ボンディング接地工事

> 先輩のつぶやき…

◆品質について
- 金属管工事やラック工事で、接地工事を最後にまとめて行なうことがないよう、その都度接地工事をします。
- 送電前に接地工事を必ず確認して下さい。接地工事が終わっていなければ、送電してはいけません。
- 接地線は緑色ですが、多芯ケーブルなど緑以外の色を使用する時は、緑色テープなどで表示をします。
- ELCB接地とD種接地は別配線とし、盤内に用途表示をしよう。

◆見落としやすいボンディング接地
- 金属管と鋼製ボックスの接続部
- プリカチューブの両端部の金属管どうし
- 端子盤内のコンセントの接地端子、セパレーター
- ケーブルラックの上下、水平自在、セパレーター
- 分電盤上部の金属管（規程により省略できる場合があります）
- 分電盤上部の金属配線ダクト

確認しましたか❓

- ☐ 施工図に元接地の位置を記入したか？
- ☐ 接地線は緑色か？
- ☐ 接地の種類・電線の太さは正しいか？
- ☐ ELCB用の接地線は単独になっているか？
- ☐ 元接地シールを貼りましたか？

4 内装工事

4-7 ケーブル接続工事

「接続は品質のカナメ」

💡 **勘どころ**

電線を接続する場合、接続部分において電線の電気抵抗を増加させないように接続し、絶縁の低下、断線等が発生しないように施工しなければなりません。接続不良が起きると、発熱し、場合によっては火災になります。

ケーブルの接続工法は、場所・種類・太さによって異なります。施工要領書で確認し、適正な材料、手順で施工してください。

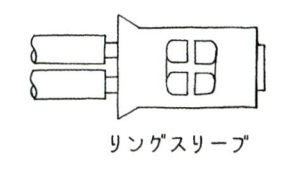

リングスリーブ

リングスリーブ
スリーブ長より1.5～3.5mm長く
ニチフ製リングスリーブの場合:12～14mm
(a) + (1.5～3.5mm)

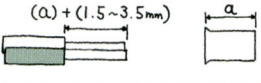

圧着後に電線の切り口の突起を無くすため、ペンチで先をたたくか、先端をペンチではさんで2～3回まわしてください。

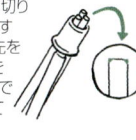

絶縁キャップや絶縁テープで圧着個所を絶縁処理して接続完了です。

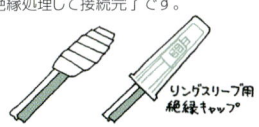

リングスリーブ用絶縁キャップ

④ 内装工事 4-7 ケーブル接続工事

> 先輩のつぶやき…

◆代表的な接続方法について（通称）
- リングスリーブによる圧着接続（タコ足）
- Bスリーブによる圧着接続（直線）
- 差込コネクタ接続（ワゴ）
 ※客先に使用の可否を事前に確認しよう。
- T型コネクタによる圧着接続（分岐）

◆幹線ケーブル接続・分岐材料について
- 3M製→絶縁カバー接続工法、レジン注入工法等
- 井上製作所製→アイラップ等

◆品質について
- 作業員は電気工事士の有資格者ですか。
- 差込コネクタに差込む線芯の長さは、ストリップゲージで確認します。
- ジョイントボックスはあとから点検できる場所に設置し、用途・回路番号等を表示します。
- 幹線ケーブルの中間接続を行なう場合、事前に客先の許可を得て、材料・工法を決定して施工します。

確認しましたか？

- ☐ 施工要領書にあった接続工法か？
- ☐ 差込コネクタ使用は、客先許可を得たか？
- ☐ ジョイントボックスは固定されているか？
- ☐ ジョイントボックスは点検できるか？
- ☐ 回路番号・用途表示はあるか？
- ☐ 幹線の中間接続は、客先の許可を得ているか？

4 内装工事

4-8 機器接続工事

「トラブル多発地帯につき要注意」

💡 勘どころ

　ケーブルの末端は機器や分電盤に必ず接続され、動力機器では接続部が責任及び財産区分点となります。

　接続部の締付不良事故は、竣工引渡後、発生するケースが多く、端子部が発熱し最悪の場合は火災となります。

　営業補償・客先の信用失墜等その被害は甚大で、対応には多大な労力と費用が必要です。

　作業員と担当者の二重の確認により、締付不良をなくすことが必ずできます。最後のひとつまで確認し、高品質な電気設備を提供しましょう。

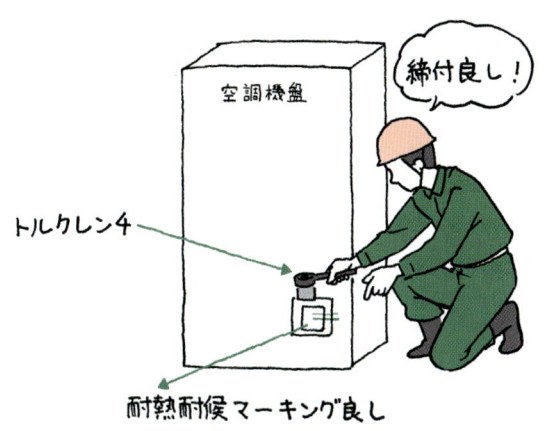

4 内装工事 4-8 機器接続工事

> 先輩のつぶやき…

◆動力機器に関して

・電動機にリードケーブルが付属されている場合は圧着端子を使用してボルトナットで接続します。

・電動機接続箱で配線処理が困難な場合は、設備業者に大型の接続箱に変更を依頼します。

・電動機には耐熱クラスがあり、クラスに応じた絶縁テープの選定が必要です。

◆分電盤に関して

・ブレーカーの2次側端子が差込型の場合は、仕様にあわせた差込長さで接続します。

・2次側端子がネジの場合、単線は巻き付け（及び圧着）、撚り線は圧着端子で接続します。

・接地線も同様とし、1回路1端子で接続します。

※束ねて接続すると漏電時、回路を特定出来きません

・制御線はマークチューブをつけて接続します。

・幹線ケーブルの締付はトルクレンチを必ず使用します。

確認しましたか？

- ☐ トルクレンチの値は適正か？
- ☐ 幹線の締付確認には耐熱・耐候マーカーを使用しているか？
- ☐ 締付確認後のマーキングはしたか？（ダブルチェック）
- ☐ 締付確認シールに記録したか？
- ☐ ケーブルに行き先表示札をつけているか？

4 内装工事
4-9 照明設備工事

「照明計画は点滅パターンも重要！」

勘どころ

照明は点けばいい！と思っていませんか？

照明器具の種類・機能は多様化しており、ビルの用途や意匠を考慮したさまざまな検討が必要です。

・器具、ランプの選定

・点滅回路の決定

・各種センサーによる調光、点滅

・集中リモコンによる管理

施工者が特に気をつけて検討しなければならないのは、点滅パターン及び回路のグループ分けです。

下面開放型照明器具

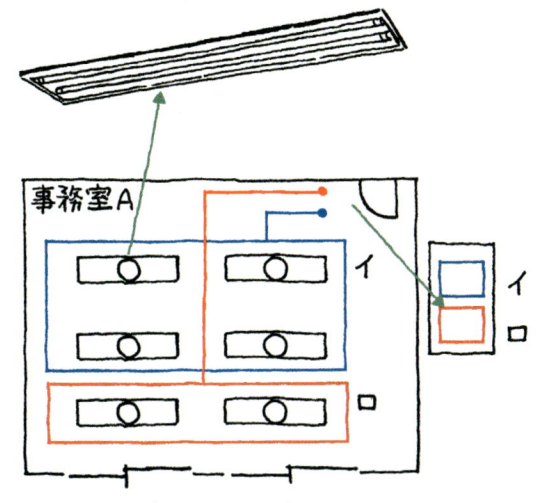

照明器具プラン・点滅区分図の例

4 内装工事 4-9 照明設備工事

> 先輩のつぶやき…

◆照明計画について
・点滅区分、スイッチ配置図を作成し、客先承認を得ましょう。この図は作業員への指示や取扱い説明にも活用できます。

◆施工管理について
・スイッチが1ヶ所に複数ある場合は展開配置図を施工図に書きます。
・スイッチの配列と点滅エリアは各階で統一します。

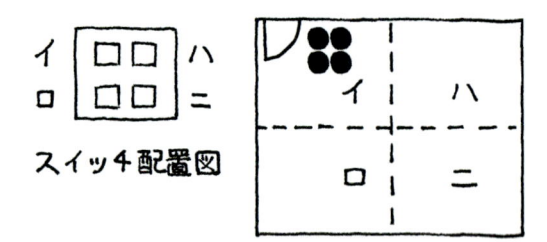

スイッチ配置図

・リモコン回路の天井内T／Uは、アドレス設定をし、表示をしたものを作業員に渡します。
・オートリフターなど高所に設置するものは必ず仮設電源で送電チェックが必要です。

確認しましたか？

- ☐ 点滅区分は確認したか？
- ☐ スイッチの配列は統一されているか？
- ☐ 高所の器具は仮設電源で点灯確認したか？
- ☐ 人感センサーの点灯時間は確認したか？

4 内装工事
4-10 各種区画処理工事

「初めに確認、最後の再確認」

勘どころ

区画には防火、防煙、遮音、クリーン等がありますが、電気設計図ではなかなか判断がつきません。確認申請図をチェックし建築担当者に確認の上、施工図に反映させましょう。

全箇所、施工確認を必ず行い、施工写真に残しましょう。

工法表示ラベル

防火区画貫通部の処理方法には…

1) 両端を金属管で1m以上突き出し耐火パテで処理する。
2) 国土交通大臣認定の工法で施工する。

の2つがあります。現場チェック時は区画が記入された施工図に基づいてチェックしましょう。

④ 内装工事　4-10 各種区画処理工事

先輩のつぶやき…

◆工程に関して
- 設計図に防火区画処理の工法に指定がないか確認申請図で確認し、施工要領書を作成しましょう。
- 間仕切り配管部は入線作業後、速やかに処理しましょう。
- 隠蔽部の防火区画処理はケーブル配線後、天井ボードの施工が始まる前に処理しましょう。

◆品質に関して
- 認定工法に基づく防火区画処理を実施した時は「工法表示ラベル」を貼る必要があります。発行に時間を要するので注意する。
- 防火区画処理後にケーブルを追加したときは、認定工法に適合した部材で補修する。
- 化学消火設備のある部屋は、圧力を考慮した工法で防火区画処理を行なう。
- 防火区画処理は記録のために全数施工写真を撮り、建築確認検査に備える。

確認しましたか？

- ☐ 防火区画を確認したか？
- ☐ 施工図に防火区画は記入されているか？
- ☐ 認定工法を所轄行政機関に確認したか？
- ☐ 認定工法通り正しく施工しているか？
- ☐ 工法表示ラベルを貼付したか？
- ☐ 施工写真を撮ったか？

4 内装工事

4-11 天井下地関連工事

「ここで隠蔽部の最終確認を！」

💡 勘どころ

　天井内作業のチェックは、下地工事が完了しボード工事着手までの間が勝負です。

　ここで頑張ってチェックしておけば、以降の工事がスムーズに流れます。未確認のままボードが貼られ、開口したときC型チャンネルが現れた！！ということがないようにしましょう。

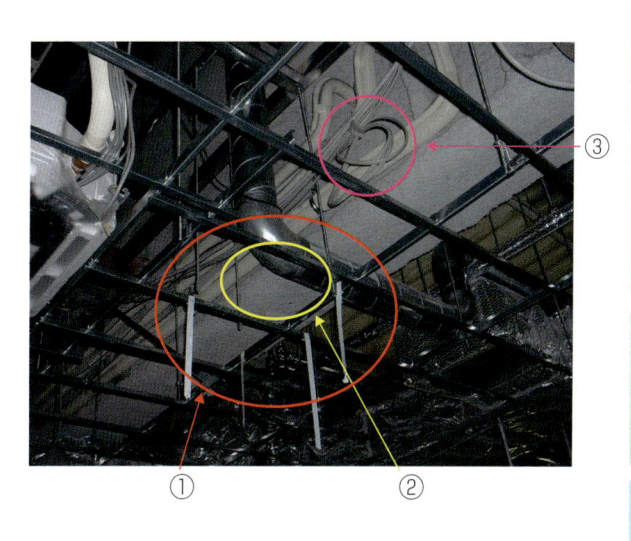

■施工について

①：照明器具用下地開口の墨出し完了。

②：ダクトと照明器具は干渉していませんか？

③：渡り配線・ボックス取付・支持材の施工は完了していますか？

④ 内装工事　4-11 天井下地関連工事

> 先輩のつぶやき…

　天井下地開口の墨出しは、現場により工事区分が異なります。施工区分を確認しましょう。

【以下下地開口工事が電気工事の場合の対応】

◆工程について
- 天井伏せ図の承諾はとれてますか？保留事項があれば直ぐに決めてもらいましょう。
- 天井下地工事の工程を確認し、下地工事がどこから開始されるのか把握し、電気設備開口工事の計画を検討しましょう。

◆品質について
- 墨出しはボードの貼り出し（貼り芯）から開始し、必要があれば床に地墨を出します。
- 下地開口はボード開口両サイド+1cm程度が通常の余裕寸法です。作業前にその余裕で天井材に問題がないか建築に必ず確認します。
- 照明器具が他設備と干渉していないか確認し、干渉している場合は移動を依頼する等の対策をとります。

確認しましたか❓

- ☐ 最新の天井伏せ図を作業員に渡してるか？
- ☐ 貼り出しを確認してから墨出しをしたか？
- ☐ 開口寸法を仕様書で確認したか？
- ☐ ダクト等と埋め込み器具が干渉しませんか？
- ☐ 感知器と吹き出し口との離隔は適切か？
- ☐ 天井点検口の取付位置を確認しましたか？

4 内装工事
4-12 天井ボード関連工事

「絶対に間違えたくないボード開口」

勘どころ

　天井ボードが貼り終わるとボード開口です。

　天井伏せ図の開口寸法通りに開口したけど器具と開口が合わず貼り直し…。原因は器具を変更したのに開口寸法を修正していなかったためです。最新天井伏せ図・納入仕様書を確認してから開口作業を開始しましょう。

■施工について

・開口寸法は納入仕様書で確認していますか。

・天井伏せ図は最新版ですか。

・パテ処理前に開口を行ないます。

④ 内装工事　4-12 天井ボード関連工事

> **先輩のつぶやき…**
>
> ボード開口工事は現場により工事区分が異なります。施工区分を確認しましょう。

【以下ボード開口工事が電気工事の場合の対応】
◆工程について
・床工事の開始までに器具付けが終わるように逆算し、ボード開口を開始します。

・作業用足場が建築と共用できないか調整しよう。

・足場が必要な高天井部分は、足場がある間に器具を取り付け、仮点灯まで済ませます。

◆品質について
・最新の天井伏せ図で開口します。

・納入仕様書で開口寸法・精度を確認しましょう。
　2mmの誤差で開口がはみ出るものもあります。

・目地無し天井で、器具が直線に並ぶ時は、水糸をはりラインを出せばきれいに並びます。

・変形した開口には、型紙をつくると有効です。

・塗装仕上げの天井はパテ工事前に開口を済ませます。

確認しましたか？

- ☐ 最新の天井伏せ図を作業員に渡してますか？
- ☐ 開口寸法・精度を仕様書で確認しましたか？
- ☐ ボード屑を天井内に捨てていないか？
- ☐ 高天井部の足場解体工程を確認しましたか？
- ☐ 床工事の工程を確認しましたか？

5 仕上げ・外構

5-1 建柱及び装柱工事

「構内1号柱は電気工事の玄関口」

💡 勘どころ

　高圧受電は構内1号柱よりケーブル地中埋設にて建物に引込むのが一般的ですが、電力会社ピラーボックスから直接引込む方法もあります。
　引込地点の高さ、離隔距離が決められている部分もありますので、注意が必要です。

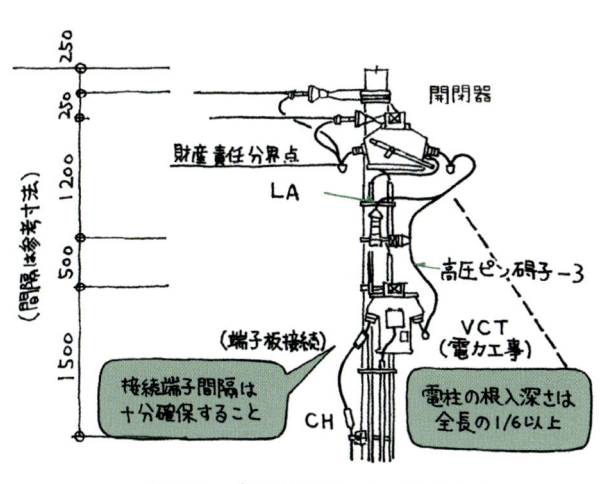

構内柱の参考装柱図（VCT吊込含む）

（間隔は参考寸法）
- 250
- 250
- 1200
- 500
- 1500

開閉器
財産責任分界点
LA
高圧ピン碍子-3
VCT（電力工事）
（端子板接続）
CH

接続端子間隔は十分確保すること
電柱の根入深さは全長の1/6以上

　ケーブルの構内柱への立上げの地表露出部分は、防護のため堅牢な管で保護しましょう。
　保護範囲は地表から2.5m以上とします。
　また、管端の防水処置は確実に処置できているか確認しましょう。

5 仕上げ・外構 5-1 建柱及び装柱工事

> 先輩のつぶやき…

◆施工性について
- 建柱による架空配線方式は、変更や増設など施工の柔軟性に富んでおり、美観を気にしない工場施設の配電設備などに採用されます。

◆電柱の種類について
- 電力会社やNTTなど会社によってコンクリート柱の呼び方は異なります。一般的には全長、末口径、設計荷重、製造年、メーカーが表示されています。構内柱のサンプルを示します。例えば
12−19−5.0は全長12m、末口径（頂点部の外径）19cm、設計荷重（ひび割れ試験荷重）5.0kNまたは500Kgを示しています。

◆装柱材料について
- 1.8m軽量腕金（75×75×2.3t）は主として引留め腕や気中開閉器取付腕として用います。
- 1.5m軽量腕金（75×75×2.3t）は主として引留め腕やケーブルヘッドの取付腕として用います。
- その他、アームタイや支線材料などがあります。

確認しましたか？

- [ ] 建柱、装柱状態は適切か？
- [ ] 高圧ケーブルの保護管は地表2.5m以上か？
- [ ] 接地工事の種類は適切か？
  （PAS：A種　LA：A種　制御箱：D種）
- [ ] 足場釘は2.5mまで外したか？

5 仕上げ・外構

5-2 外構埋設配管・配線工事

「地中線化で施設の美観に貢献」

💡 勘どころ

地中埋設ケーブルは、管路式、暗きょ式、直接埋設式があります。

一般的には管路式が多く、需要場所内で管径200mm以下、車両等重物の圧力に耐える管材を使用すれば埋設深さは0.3m以上とすることができます。

埋設配管のうねり、つぶれが起こらないように十分な転圧の確認をしましょう。

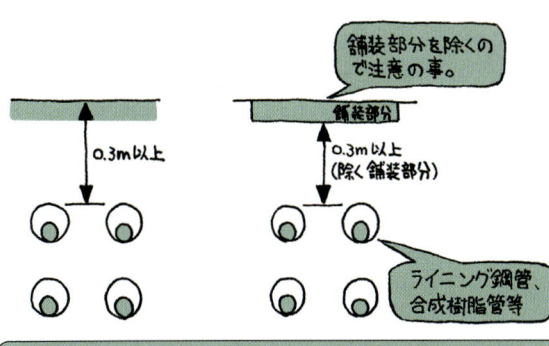

（図：左側「0.3m以上」、右側「舗装部分を除くので注意の事。」「舗装部分」「0.3m以上（除く舗装部分）」「ライニング鋼管、合成樹脂管等」）

> 埋戻しは良質土で300mm毎にランマ等で締め固めながら行うこと。管内が特別高圧、高圧ケーブルの場合は、埋設表示シートを施す。

また、埋設配管方式には直接埋設式があり
① ケーブルをトラフ内に収める
② ケーブルの上部を堅牢な板、といで覆う場合の埋設深さは地表下1.2m以上、重量物の圧力を受ける恐れが無い場所は0.6m以上必要です。

5 仕上げ・外構 5-2 外構埋設配管・配線工事

先輩のつぶやき…

◆施工性について
- 地中埋設ケーブルによる配電方式は、景観の向上や自然災害に強いが増設や変更にコストや時間がかかるため、事前にしっかりした計画が必要です。

◆マンホール・ハンドホールについて
- 設置場所は、
  - ①ケーブルの引入れ、引抜き作業がある場所
  - ②ケーブルの分岐、接続など行う箇所
  - ③ケーブル引入れ時にケーブルの許容張力を超過する場所(直線管路の長さが150m以下、直角曲り1箇所がある管路の長さが100m以下が目安)。
- 大きさは
  - ①引入れ、引抜き、接続など保守作業が可能
  - ②ケーブル曲げ半径が、高圧単心で直径の10倍、多心で直径の8倍以上で曲げることが可能な広さが必要です。

◆工程について
- 建物周辺の地中埋設配管は、フーチン側面や建築外部足場が立つ前に施工すれば、省力化が図れ、後工程が楽になります。

確認しましたか❓

- ☐ 配管の埋設深さ、固定方法は適切か？
- ☐ 外壁部の引込配管の防水処置は適切か？
- ☐ マンホールの設置場所、大きさは適切か？

5 仕上げ・外構

5-3 露出配管・配線工事

「電工の基本技能！」

勘どころ

露出配管工事は金属管工事が一般的です。

軽量、可搬性の良さから硬質ビニル管も使用されますが耐候性、強度上から使用場所等の配慮が必要です。

金属露出配管の水平支持間隔は2m以下ですが、硬質ビニル配管の水平支持間隔は1.5m以下で固定します。

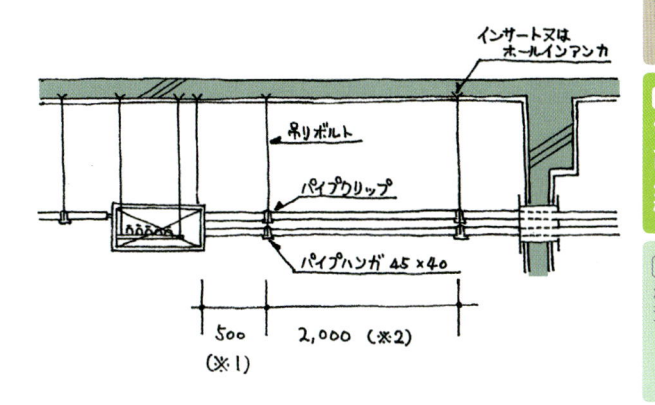

図：インサート又はホールインアンカ、吊りボルト、パイプクリップ、パイプハンガ 45×40、500(※1)、2,000(※2)

- （※1）金属管の場合は0.5m以下、硬質ビニル管の場合は0.3m以下とします。
- （※2）金属管の場合は2m以下、硬質ビニル管の場合は1.5m以下とします。

5 仕上げ・外構　5-3 露出配管・配線工事

> 先輩のつぶやき…

◆接地ボンドについて

　金属管内配線の使用電圧が300V以下の場合には、管のD種接地工事が必要です。(300Vを超え容易に触れる場所は、C種接地工事)

　プルボックス、配電盤等に接続する配管のボンド線は、元接地に近い方は最大口径の管に1本、遠い方は全てに施します。ボンド線の太さは、配線用遮断器等の定格電流によって決まります。また、管の長さが4m以下で乾燥した場所に施設する場合は省略できます。

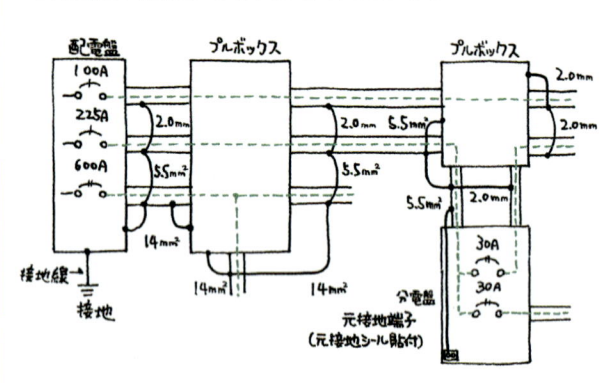

ボンド線の接続箇所及び太さ

確認しましたか❓

- ☐ 配管の支持間隔、耐震措置は適切か？
- ☐ 他設備の配管、ダクトとの接触はないか？
- ☐ 金属管、ボックスの接地ボンドは適切か？
- ☐ プルボックスの点検は容易にできるか？
（点検口の設置、用途の明示など）

5 仕上げ・外構

5-4 レースウェイ工事

「配管材＋支持材＝レースウェイ」

💡 勘どころ

　レースウェイ工事（第2種金属製線ぴ工事）は、レイアウトの複雑な室内や、照明器具取付高さと上部支持部材との間隔が長い場所の照明器具の配線や支持などに使われます。

　使用場所は屋内の露出場所や点検可能な隠ぺい場所で乾燥した場所となります。

　収容電線は絶縁電線とし、収容率は断面積比（＝電線の断面積の総和／線ぴの内断面積）20％以下とします。

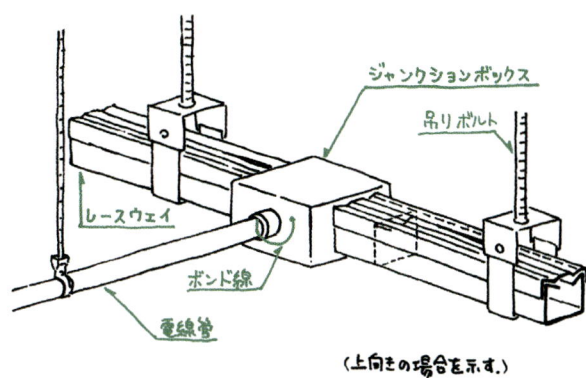

レースウェイの施工例

（上向きの場合を示す。）

　1種金属線ぴ工事は、メタルモールディングと呼ばれ、事務所、店舗、一般住宅等の改修工事に使用されることが多い。しかし、収容電線本数は10本以下に制約されるので注意しましょう。

5 仕上げ・外構　5-4 レースウェイ工事

先輩のつぶやき…

◆施工性について

　機械室、電気室及び倉庫など天井が無い室内の照明はレースウェイ工事で計画されていますが、施工が最後になるので、側壁打込や隠ぺい配管の先行工事が工数の平坦化、コストの軽減に有利になります。

◆レースウェイ工事の注意点

- 支持間隔は1.5m以下とし、適切な位置に振れ止め装置を設けます。また、レースウェイはD種接地工事を施し、元接地表示を貼付します。
レースウェイ内では電線の接続は可能ですが、制限があるので注意しましょう。

- 一般に、照明器具を取付ける場合は下向き、配線ルートとして使用は上向きとします。

- 幅が50mm以下をレースウェイと呼び、50mmを超えるものはダクトと呼び、金属ダクト工事となります。

- レースウェイにカバーをしない場合は、金属線ぴ工事とならないため、配線はケーブルにしなければなりません。

確認しましたか❓

- ☐ レースウェイの支持間隔は取れているか？
- ☐ レースウェイの振れ止めはできているか？
- ☐ レースウェイの接地ボンドはあるか？
- ☐ レースウェイ内の収容本数は適切か？

5 仕上げ・外構

5-5 OAフロアー内配線工事

「縁の下の力持ち！」

💡 勘どころ

　OA化による電力・電話・データ用配線量の増加、供給位置のフリー化に対応する為、OAフロアー内配線方式が多用されています。

　電力線とUTPケーブルなど弱電線が交差する部分は電磁シールドテープ等、絶縁性のある隔壁を設けましょう。OAフロアー内配線方式の基本はコロガシ配線です。

　ケーブルの挟み込みによる地絡停電、データの喪失は大きなトラブルに発展するので注意しましょう。

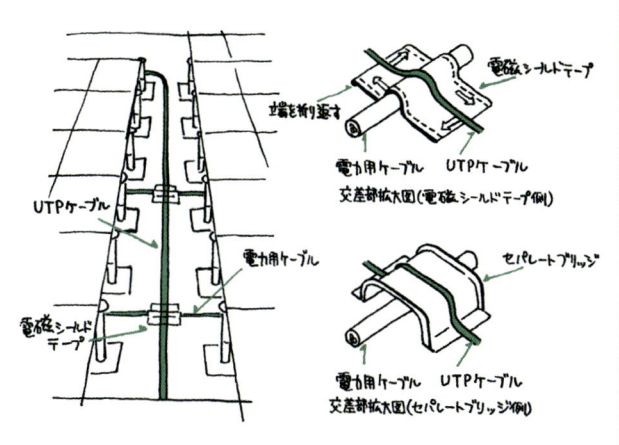

OAフロアー内配線（参考）

⑤ 仕上げ・外構　5-5 OAフロアー内配線工事

先輩のつぶやき…

◆施工性について

　OAフロアー技術の無い時代は、フロアーダクト工事が全盛で、施工性の悪さには泣かされました。
　OAフロアーのスタッド墨出し後に先行配線をさせてもらうと施工性が上がります。

◆複合盤の設置について

・OAフロアーの盤据付は架台を利用し、スペーサーで架台を水平に調整、規格に基づいたアンカーボルトによりスラブに堅固に取付けます。

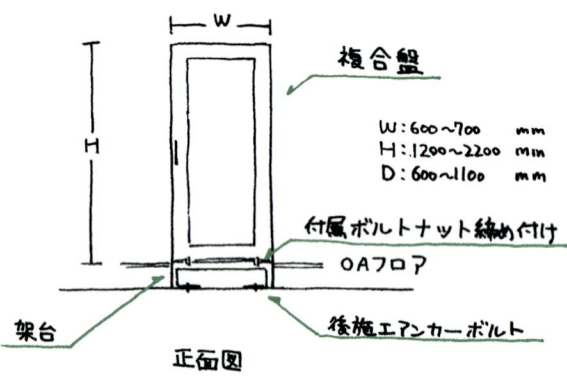

```
        W
   ┌─────────┐
   │         │       ← 複合盤
 H │         │
   │         │       W：600～700 mm
   │         │       H：1200～2200 mm
   │         │       D：600～1100 mm
   │         │
   └─────────┘     ← 付属ボルトナット締め付け
    ═══════       ← OAフロア
  架台            ← 後施工アンカーボルト
       正面図
```

OA複合盤の耐震固定（参考）

確認しましたか？

- □ 強電と弱電線の接触防止措置はあるか？
- □ フロアー内のケーブル接続は適切か？
- □ ケーブルの結束本数は適切か？
- □ ケーブルの挟み込み箇所はないか？

5 仕上げ・外構

5-6 重量物搬入工事

「**安全に近道なし！！！**」

勘どころ

重機作業前の確認事項として

①クレーン等重機使用する重量物搬入作業は有資格者作業員を配置し、免許証携帯の確認をしましょう。

②重機の使用前点検及び玉掛けワイヤーの点検を行い、必ず記録に残しましょう。
作業前にクレーン操作者と玉掛け作業者との合図の確認を行いましょう。

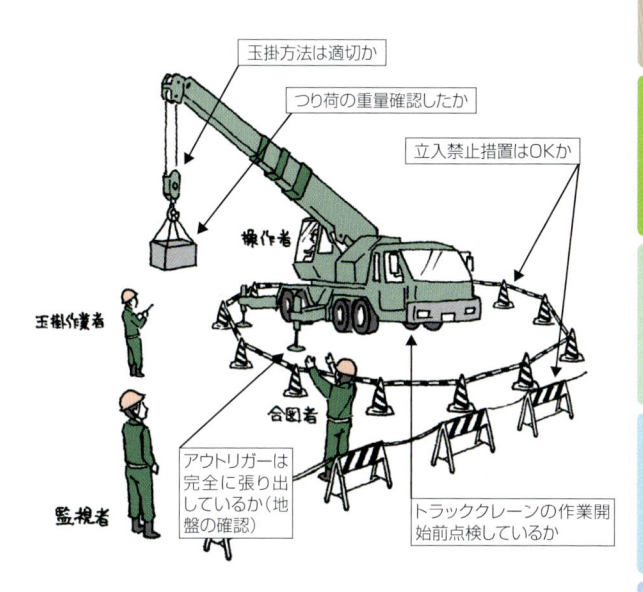

- 玉掛方法は適切か
- つり荷の重量確認したか
- 立入禁止措置はOKか
- アウトリガーは完全に張り出しているか（地盤の確認）
- トラッククレーンの作業開始前点検しているか

操作者
玉掛け作業者
合図者
監視者

トラッククレーン作業（参考）

5 仕上げ・外構　5-6 重量物搬入工事

> 先輩のつぶやき…

◆重量物搬入の作業手順について

1. 作業前に安全作業計画書を作成、社内関係者の承諾を得ます。
   安全作業計画は次の内容が必要です。
   - ①使用するクレーンの定格　②近隣対策
   - ③転倒防止対策　④横引きの方法
   - ⑤搬入日時及び経路　⑥作業人員及び配置計画
   - ⑦作業指揮系統　⑧立入禁止措置

2. 作業前のミーティング、現地KYにより服装、作業方法・手順を確認します。

3. 使用前点検の項目
   - ①重機作業関係者資格の点検
   - ②材料、工具の数量確認

4. クレーン重機、工具類を作業場所へ誘導、設置。

5. 標識の設置

6. 搬入・据付作業は承諾された安全作業計画書の手順通りに行い、計画書に無い予定外工事は絶対に行わないようにしましょう。

7. 片付け、清掃

確認しましたか？

- □ 安全作業計画書（承諾済）は手元にあるか？
- □ 指揮者、作業員は有資格者か？
- □ 楊重重機は作業に適した規格か？
- □ 作業内容は全員に周知されているか？

5 仕上げ・外構

5-7 重量物機器等据付工事

「据付工事は先手必勝!!」

勘どころ

電源設備に使用される受変電機器（高・低圧盤、変圧器）、発電機設備（発電機、エンジン）蓄電池設備等は比較的重量、大きさがあります。

搬入順序や搬入ルートの再確認は必ず行ないましょう。

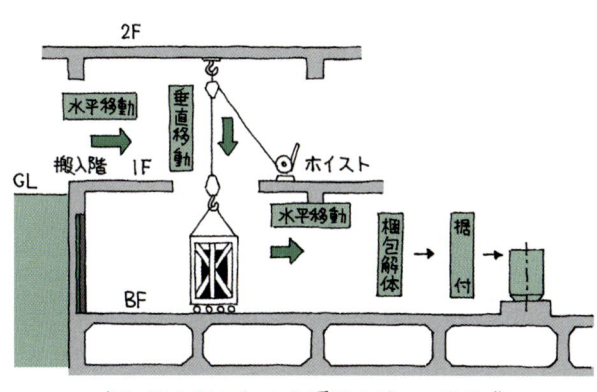

例) 建物引入れから据付までの一連作業

建物引入れから据付までの代表的な工具は、次のとおりです。

① ハンドパレット
② 台車
③ ベビーホイスト
④ チェインブロック
⑤ つめ付ジャッキ
⑥ 台付ワイヤ
⑦ 金車
⑧ コロ
⑨ チルホール
⑩ バリケード
⑪ 歩み板
⑫ 建物のフック取付
⑬ 鉄板
⑭ 養生材

5 仕上げ・外構　5-7 重量物機器等据付工事

💬 先輩のつぶやき…

◆据付工事について

1.着工前
・キュービクルなど基礎は梁の上にあるか、又防水工事は完了済みですか？
・保守、保安上有効な保有距離は確保されていますか？
・分割搬入が必要なときは、盤間の渡り配線の接続にメーカー作業員を手配してますか？
・水回りの電気設備機器用基礎の確認。
・屋外の場合、付属品（ボルト、ナット等）はステンレスで手配済みですか？

2.据付前
・アンカーボルトの取付（テーパーワッシャーの手配他）
・チャンネルベースの先付（ライナー等にて水平確保）

3.据付中、据付後の作業
・機器に搬入順序を明示しておくと効率的です。
・盤渡り配線の復旧、接続箇所の締付確認の実施。
・アンカーボルトのねじ、ナット部はキャップ等で防錆処置を施します。
・アンカーボルトはダブルナットで締付マーキングは実施済ですか？

確認しましたか❓

- [ ] 搬入計画、施工計画を確認しましたか？
- [ ] 時期、経路、順序、作業要員の検討は十分か？
- [ ] 据付作業の内容は全員に周知されているか？
- [ ] 他業種との作業調整はできているか？

5 仕上げ・外構

5-8 キュービクル式受電設備

「受電設備の品質は電気設備の要」

勘どころ

受電設備にはフレームパイプ組立方式の開放型と鉄板製箱収容方式の閉鎖型があります。

閉鎖型の一部をキュービクル式受電設備と呼び近年、大規模施設にも使われています。

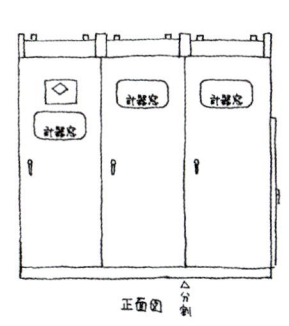

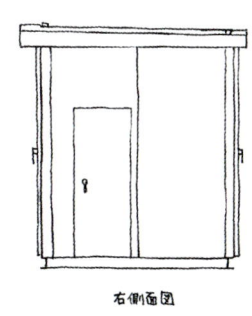

正面図　　　　　　　　右側面図

キュービクル式高圧受電設備（屋外型）

■キュービクルの特徴

・充電部分が露出していないので、感電等の危険性が少ない。

・工場生産による標準化、簡素化、本質安全化がなされるため、保守点検が容易で安全・信頼性が高くなります。

・据付面積が少なく、専用の部屋を必要とせず、屋上地下室、敷地の一部に簡単に設置できます。

・開放型に比べて工事期間が短縮できます。

5 仕上げ・外構 5-8 キュービクル式受電設備

先輩のつぶやき…

◆工程について
- キュービクル基礎は、下部に梁があるか確認しましょう。建築構造体に影響があるため施工計画時に設置場所の検討をし、速やかに建築に基礎工事を依頼しましょう。

◆品質について
- 現場搬入前に非常電源専用認定キュービクル等の規格要求や機器仕様、標識、保護カバーなど承諾図どおりか確認しましょう。
- 施工図で、キュービクルの周囲との作業及び安全点検用の保有距離の確認をとりましょう。（下図）

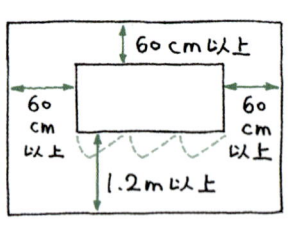

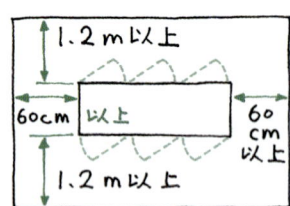

```
     60cm以上                    1.2m以上
  ┌─────────┐              ┌─────────┐
60cm│         │60cm      60cm│         │60cm
以上 │         │以上      以上 │         │以上
  └─────────┘              └─────────┘
     1.2m以上                   1.2m以上
```

確認しましたか❓

- ☐ ケーブル・銅帯の識別、端末処理は良いか？
- ☐ 端子の締付確認、マーキングはしているか？
- ☐ 用途表示、危険標識はあるか？
- ☐ 必要なサイズの消火器は設置されているか？
- ☐ サーモラベルは貼付されているか？

5 仕上げ・外構

5-9 動力・電灯盤　盤内配線工事

「盤内仕上げは、施工要領書で統一」

勘どころ

盤内配線工事は、施工要領書作成し、施工品質の均一化と手戻りがないようにしましょう。

■施工について

①：規定トルク値による締付を実施し、締付確認マーキングを行ないます。(耐熱耐候マーカーを使用)

②：2次側配線、接地線に行き先表示を取付、締付マーキングを行ないます。

③：負荷名称は、最終負荷名称になっていてますか？

5 仕上げ・外構　5-9 動力・電灯盤　盤内配線工事

> 先輩のつぶやき…

◆工程について
- 盤関係の塗装色はツヤも含めて確認しましょう。
- 盤設置後はケーブル取り込み、整線、結線等時間が必要です。設置場所の工程を考えましょう。
- 搬入ルートの検討は出来ていますか？
- 各盤配置、扉の開き勝手等は検討済ですか？
- 機器の製作日数は、確認出来ていますか？

◆品質について
- 盤内もVVFケーブルの結束本数は7本以下にします。
- 配線取込み口はパテ処理を行ないます。
- 施工図と盤図は、回路番号等を合わせます。
- 盤内で弱電と強電ケーブルが接触しないように支持します。
- 規定トルク値で締付確認を行ないます。
- 盤内に最終の結線図が必要です。

確認しましたか？

- [ ] 機器名称・容量は、盤図と合致しているか？
- [ ] 漏電遮断器の感度電流は、適切か？
- [ ] 締付確認が出来ているか？
- [ ] 行先不明の回路はないですか？
- [ ] 盤内の清掃はできているか？
- [ ] 幹線接続部の締付マーキングは、耐熱耐候マーカーを使用しましたか？

5 仕上げ・外構

5-10 照明器具取付工事

「支持方法は器具、場所にあわせて！」

💡 勘どころ

　器具取付面は、コンクリート、二重天井、ALC、金属板及び鉄骨梁等さまざまです。
　取付面の仕上、目地、強度及び意匠等を建築図で十分確認し取付工法を事前に検討しましょう。

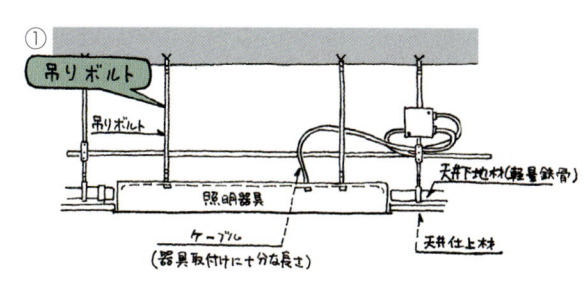

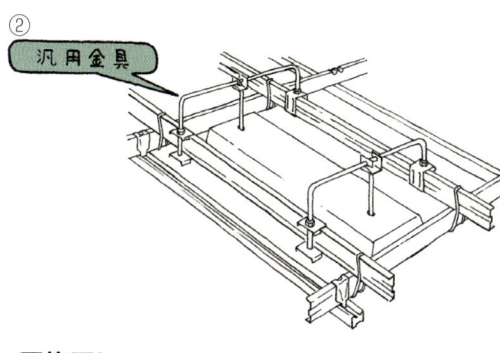

①
吊りボルト
吊りボルト
照明器具
天井下地材（軽量鉄骨）
天井仕上材
ケーブル
（器具取付けに十分な長さ）

②
汎用金具

■施工について

①：インサートによるスラブから支持方法
②：汎用金具による天井下地材からの支持方法
　　（重量により使用の可否を確認）

5 仕上げ・外構 5-10 照明器具取付工事

> 先輩のつぶやき…

◆手配について

・照明器具の搬入時期は、階毎、場所毎に余裕を持った手配を行ないましょう。

・施工図（天井伏図）に、器具高さが記載されていますか？（支持材の長さをだすため）

・調光器具、ダウンライト等には、器具が同じ形でも少しの型番違いで、仕様が異なるものがあるので注意しましょう。

◆品質について

・照明器具の荷重に合わせた支持工法が必要です。

・ケーブルの被服剥ぎ過ぎに注意します。
（ストリップゲージにて確認の事）

・器具の送り端子には、定格容量があります。
無計画に送り配線をしてはいけません。

・器具本体、ランプの向きを統一が必要です。
（フロアー毎で違えば夜、外からみると不自然です）

確認しましたか？

- [ ] 照明器具、ランプの光源は施工図通りか？
- [ ] 点滅グループ、点灯時間の確認をしたか？
- [ ] 電源取出し口の確認をしたか？
- [ ] ストリップゲージは確認したか？

⑤ 仕上げ・外構

5-11 配線器具取付工事

「用途によって使い分けよう！」

💡 勘どころ

- 2極コンセントの内、刃受け穴に長・短のあるものは長い方を向かって左側に取付け、接地側極（中性線）とする。（100V）

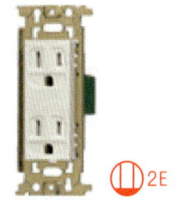

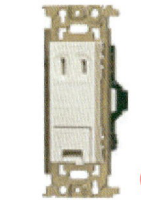

埋込型2P15A×2接地極付　　　埋込型2P15A×1接地端子付

- 片切スイッチは、右側に倒したとき閉路（ON）となるよう取付ける。

片切スイッチ　　　　ランプ内蔵片切スイッチ（通称：オンピカ）

- 特殊な容量のコンセントは、形状を事前に業者に確認し、必要があれば「オス・メス」の手配を行なう。

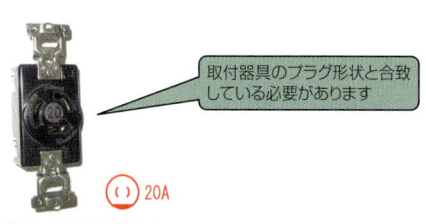

取付器具のプラグ形状と合致している必要があります

埋込型2P20A×1接地極付 抜止

5 仕上げ・外構 5-11 配線器具取付工事

先輩のつぶやき…

◆手配について

- 他業者に配線器具の種類、色を統一するように依頼しましょう。
- 特殊機器のコンセント形状は確認しましょう。
- 換気扇等スイッチに容量制限がある器具は、機器容量に見合った選定を行なっていますか？
- 機器取付標準図を作成しましょう。
  （プロット図作成時に必要です）
- 特殊BOXが必要な器具はないか確認しましょう。

◆品質について

- 接地線と中性線の間違えをチェックしていますか？
  コンテスターでは、確認出来ません！
- 自動点滅器の取付け場所を考慮していますか？
  場所により太陽光の影響で感知時間が変わります！
- 配線器具を納める時、ボックス内の電線に傷をつけないように注意が必要です。（絶縁不良の原因）
- オンピカSWの容量は負荷に合わせて選定すること。

確認しましたか❓

- ☐ ストリップゲージは確認したか？
- ☐ 配線器具の種別は仕様に合っているか？
- ☐ 電話・情報の配線器具の形状を確認したか？
- ☐ スイッチのネーミングは確認したか？

5 仕上げ・外構

5-12 塗装工事

「取付後塗装作業は、最小限に！」

💡 勘どころ

・金属管は、亜鉛めっきが施されているため特記がない限り塗装は省略できます。

・機械室、EPS等は承諾を得て配管、プルボックスの塗装を省略しましょう

・外灯ポールは工場塗装もしくは、建てる前に塗装をした方が省施工になります。

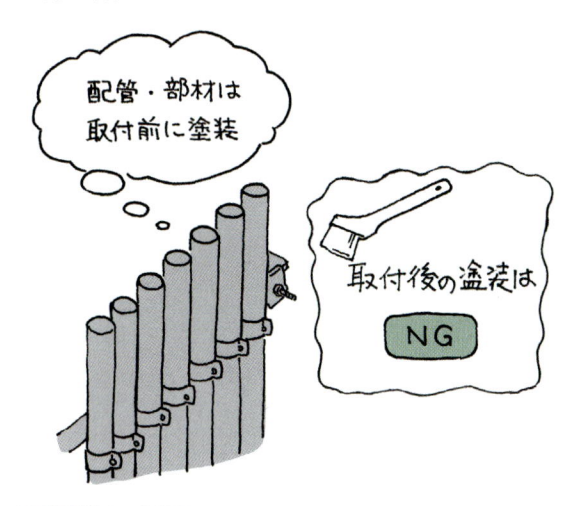

配管・部材は取付前に塗装

取付後の塗装は NG

■施工について

・塗装作業場所は、換気に注意して溶剤による中毒を起こさないようにしましょう。

・塗料の種別を考慮しましょう。
（屋外、塩害地区、湿潤場所等）

・付属品等の塗装も忘れないようにしましょう。

5 仕上げ・外構　5-12 塗装工事

先輩のつぶやき…

◆工程について

- 中塗り及び上塗り用は、塗料の種別や乾燥時間が異なるので注意します。
- メッキ又は塗膜のはがれは、サビの原因になるため、直ちに補修しましょう。
- 塗装業者へ発注する場合は、タッチアップ用の塗料をもらっておきましょう。

◆品質について

- 塗装種別には、色とツヤがあります。事前に承諾をとりましょう。
- 壁面の露出ボックス等の塗装色は、壁の仕上げ色を確認し、客先に承諾をもらって決定します。
- 壁面に取付る部材は、施工前に塗装を行います。
- 塗装面の下地処理（下地の表面を整える）は忘れないようにしましょう。
- 金属管はメーカーによって亜鉛メッキ量が異なり、塗装せず溶融亜鉛メッキ（ドブ漬け）として使用できるメーカーもあるので確認しましょう。

確認しましたか❓

- ☐ 設計図書で塗装の要否、仕様を確認したか？
- ☐ 支持材等は、取付前に塗装したか？
  取付後では、仕上げ面が汚れますよ！
- ☐ 使用メーカーの亜鉛メッキ量を確認したか？
- ☐ 色見本を手配しましたか？

5 仕上げ・外構

5-13 外壁貫通部処理工事

「水は甘くない！！！」

💡 勘どころ

建物には、必ず外部との貫通部が必要です。

しかし外部との貫通は浸水のリスクを伴うので安易に施工してはいけません。

外壁貫通部の施工方法、止水処理の方法を事前に検討し、早期に対策を検討しましょう。

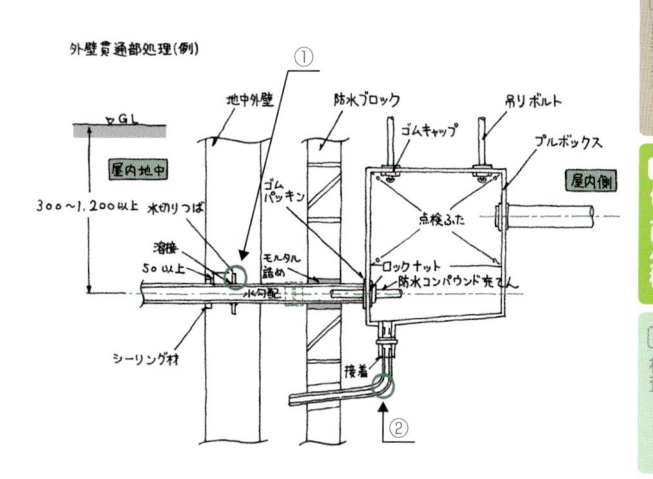

外壁貫通部処理(例)

■施工について

① ：スリーブとコンクリートの隙間からの止水処理例です。（水切りつば付きスリーブ使用）
　　最近では、水膨張性のゴムを使用する場合もあります。

② ：管路からの浸水対策としてドレンを設けます。

5 仕上げ・外構　5-13 外壁貫通部処理工事

先輩のつぶやき…

◆工程について

- 仕上げ工事が始まる前に、止水処理を完了する必要があります。
- 外灯電源の取出し方法は、地中梁貫通で外部へ送る方法がベストです。外壁を貫通する場合は止水処理方法の検討を忘れずに行ないます。
- つば付スリーブは製作物なので、納期が必要です。

◆品質について

- 水勾配は、外部側を下向きにとります。
- ドレンを設けても排水先は確認しましたか？
  二重壁が無い場合は、排水溝まで導く必要があります。
- 止水方法は検討出来ていますか？
- 外壁のコーキングは、浸水のリスクが大きいので建築の専門業者へ依頼しましょう。
- 地盤沈下対策が必要な場合は、各種の「施工要領書作成の手引き」等を参照しましょう。

確認しましたか？

- ☐ 外壁貫通用スリーブの形状を確認したか？
- ☐ 外壁貫通部の配管径、本数は確認したか？
- ☐ ドレンを設ける等、管内の排水場所は検討できているか？
- ☐ 外壁部のコーキング処理をしたか？

6 検査

6-1 耐圧・リレー試験

「試験後の確認・接続は十分な時間を」

💡 勘どころ

　受電前の最終試験であり、電気設備で耐圧・リレー試験は最も重要とされる試験です。

　試験が完了し、一旦受電すると再度停電することが困難になります。試験完了後、送電まで時間が短いと、再接続作業及び最終確認の時間が無くなってしまうため、余裕を持って工程を作成する必要があります。

6 検査 6-1 耐圧・リレー試験

> 先輩のつぶやき…

◆絶縁耐力試験について

・試験要領書を作成しましたか？
　→試験業者に任せっぱなしにしない。

・試験範囲を明確にしましたか？
　→監視員配置の検討が必要。

・試験電圧、直流、交流を確認しましたか？
　→主任技術者に確認しましょう。

・試験電圧印加時に壊れる機器がないか確認しましたか？
　→壊れる機器は結線を外しておきましょう。
　（外した結線を明示しておきましょう。）

・試験に必要な仮設電源容量を確認しましょう。

◆リレー試験について

・リレー試験後、継電器を整定値に設定して盤面に表示します。

・試験終了後カバー等の取付忘れがないか確認します。

確認しましたか？

- ☐ 耐圧試験範囲を確認したか？
- ☐ 直流・交流どちらで耐圧試験をするか？
- ☐ 試験後の接続確認をしたか？
- ☐ 最終確認は現場代理人。
  - →工具の員数確認・ジャンパー線の取り外し確認等

6 検査

6-2 強電設備測定試験

「試験記録は正確に残そう」

💡 勘どころ

設計事務所等に試験内容を確認の上、試験を実施し記録しましょう。

また、竣工前の短期間で実施する必要があるので、試験測定工程を事前に作成し、実施しましょう。

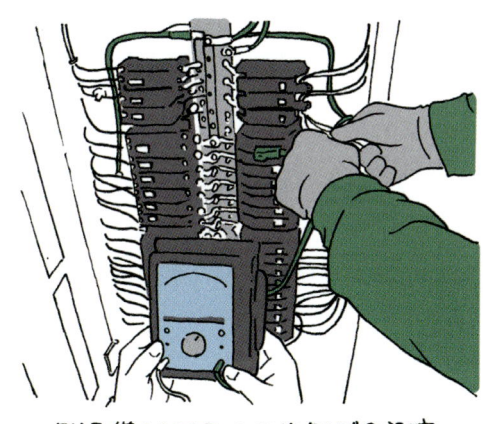

例)予備MCCBの二次側での測定

■測定について

配電盤・分電盤・動力盤等の送電後に行なう電圧測定・検電・検相は、活線近接作業であることを認識し、基本ルールを守って実施しましょう。

【基本ルール】
1. 端子棒は両手で持って確実におこないます。
2. 電力用テスターを使用します。
3. 予備MCCBの二次側で測定します。
4. 検電器は非接触型を使用します。

6 検査 6-2 強電設備測定試験

先輩のつぶやき…

◆記録について

- 測定実施記録は、正確に残しましょう。
  - →不具合発生時には、竣工時の結果が必要！
  - →現地では手書きで実施、事務所で清書！

- 記録用紙の書式あっていますか？
  - →客先によって違うので確認しましょう。

- 問題になりそうな所は写真を撮りましょう。
  - →黒板を入れて撮影しましょう。

- 法的な検査項目（非常照明・誘導灯他）の整備は出来ていますか？

◆品質について

- 送電前に締付け確認はできていますか？
  - →確認ルールもチェックしましょう。

- コンセントの極性確認は行いましたか？
  - →デルタメイト使用しましょう。

- ケーブル締付確認はトルクレンチで行っていますか？
  - →締付トルク値はあっていますか？

- 測定器はISOの基準にあっていますか？
  - →校正記録はありますか？

確認しましたか❓

- ☐ 試験記録用紙（客先仕様）を確認したか？
- ☐ 送電前の締付け確認をしたか？
- ☐ 施工図通りの配置になっているか？
- ☐ コンセントの極性確認をしたか？

6 検査

6-3 弱電設備総合試験

「動かして、初めて分かることもある」

勘どころ

弱電設備と一口に言ってもテレビ共同聴視設備から自動火災報知設備、非常放送設備等多種多様です。単体試験で完了する設備もあれば、他設備と信号の授受を行い、連動チェックが必要な場合もあるので、システム全体を理解し、引渡し後クレームのないよう十分確認しましょう。

■検査項目（例）

- インターホン設備
- テレビ共同聴視設備
- ITV設備
- ナースコール設備
- 非常放送設備
- 自動火災報知設備
- 各種建築連動設備（自動ドア等）

6 検査　6-3 弱電設備総合試験

> 先輩のつぶやき…

◆工程について

- 送電工程作成時、各種機器の試運転工程も考慮する。
  → 電源がないと、機器の動作確認ができない。

- 中央監視室等、重要機器を設置する部屋の建築工程を確実に把握する。
  → 建築工程が遅れれば、機器の設置が遅れる。

- 専門業者の試験・調整工程を担当者がチェックし、総合試験に間に合うか判断し、増員等の指示をする。

◆品質について

- 検査（データ収集）項目を確認する。
  → 自分の判断で要否を決めない。

- 業者検査に立会い、合否の判断データを確認する。
  → 検査データだけを信用しない。

（各種連動試験例）

① 自火報発報　→　非常放送連動
② 自火報発報　→　誘導灯信号装置作動
③ 自火報発報　→　パニックオープン（自動ドア）
④ 自火報発報　→　空調機連動停止
⑤ 自火報発報　→　EV自動着床

確認しましたか？

- [ ] 総合試験計画は立てたか？
- [ ] 各種機器は専用電源となっているか？
- [ ] 連動試験の必要な機器を確認したか？

6 検査

6-4 試運転調整

「機器どうしも相性があるので要注意」

勘どころ

各種設備機器は、送電し実際に動かさなければ期待どおりの性能を発揮するかどうかがわかりません。

受電前に空調、衛生業者他と十分協議し送電工程を作成しましょう。

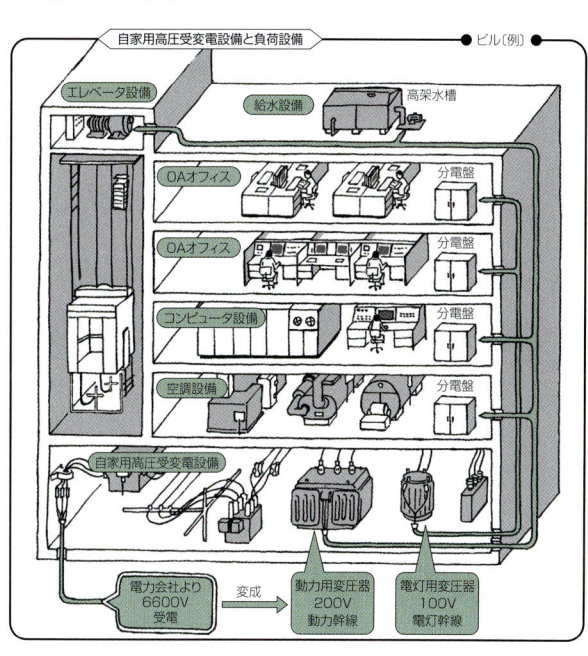

■試運転・調整が必要な機器（例）

- 各種空調機器（熱源、ポンプ他も含む）
- 各種衛生機器（受水槽、高架水槽等含む）
- エレベーター、エスカレーター他

6 検査　6-4 試運転調整

> 先輩のつぶやき…

◆工程について

- 送電工程の遅れから空調機等の調整不足の責任を問われないように注意しましょう。
- 送電工程作成時は必ず各職長と打合せをし、内部調整を済ませた後、提出しましょう。
（担当者が思っているより時間の必要な作業がある）
- 設備全体を「システム」としてチェックする場合が多く、地下の機器と屋上の機器の両方に電源が同時に必要な場合もあります。（受水槽～高架水槽等）

◆品質について

- 設備業者の調整が未済だと中央監視等の確認ができません。電気工事会社の調整完了予定日から逆算し、設備業者に調整完了日を連絡します。
- 作業完了日の確定が送電工程の基準となります。
- 試運転調整の仮設場所「再接続」や「締付確認」等は確実に行ないましょう。

確認しましたか？

- ☐ 受電前に送電工程表は作成したか？
- ☐ 動力機器の相、電圧の確認は終っているか？
- ☐ 幹線ケーブルの締付確認は完了しているか？
- ☐ 動力盤の機器（サーマル等）は調整済か？

6 検査

6-5 積算電力計

「その電気代はどこの電気だい…？」

勘どころ

積算電力計は「計量」するだけでは役目を果たしていません！

- ・計るべきエリアを
- ・正しい数値で（正しい比率で）
- ・川上から川下まで正しい系統で

で計量して、はじめて役目を果たします。

たとえば

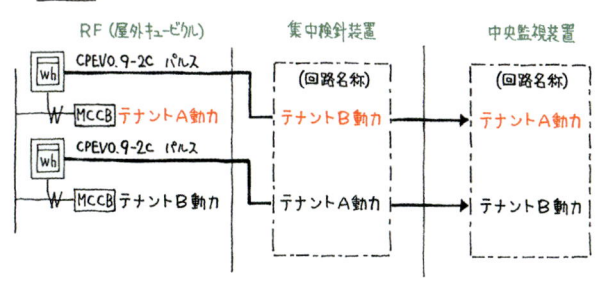

```
   RF (屋外キュービクル)      集中検針装置           中央監視装置
 ┌──┐ CPEV0.9-2C パルス    ┌─────────┐      ┌─────────┐
 │Wh│───────────────────│(回路名称) │      │(回路名称) │
 └──┘                    │          │      │          │
 ─MCCB─テナントA動力       │テナントB動力│──────│テナントA動力│
 ┌──┐ CPEV0.9-2C パルス    │          │      │          │
 │Wh│───────────────────│          │      │          │
 └──┘                    │テナントA動力│──────│テナントB動力│
 ─MCCB─テナントB動力       └─────────┘      └─────────┘
```

このような結線では、集中検針装置と中央監視装置でテナント名称が異なり、後日大問題になりかねません。

★計量に関するトラブルが後を絶ちません。

誤計量を防止する為には、計量確認検査を協力業者等に任せるのでなく、自ら「現地」、「現物」にて「全数実負荷チェック」する以外に方法はありません！

6 検査 6-5 積算電力計

> 先輩のつぶやき…

◆工程について
- 検定付きの積算電力計は納期がかかります。
- 検査時期は必ず最後となるので、施工検査工程に確認期間を組み入れましょう。
- 施工中の打合せで変更されている場合があるので、最終図で再度計量区画を確認しましょう。

◆品質について
- 課金の根拠となる数字は中央監視盤の値ではなく、あくまでも「積算電力計」です。引渡し時に必ずお客様に立ち会って頂きましょう。
- チェックも3箇所同時に必要な場合があるので、(現場～積算電力計～中央監視盤)人の手配も考えておく必要があります。
- 中央監視盤のパルス設定条数には特に注意すること。(1パルス＝○○kWの換算が重要)

確認しましたか？

- [ ] チェックは最終図面で行なっているか？
- [ ] 課金用メーターは検定付を使用しているか？
- [ ] 実負荷で実施する試験方法を検討したか？
- [ ] 照明回路はSWのON・OFFだけではだめ！
  (電源が他の部屋へ送られている場合もある)
- [ ] 検定付のメーター交換時は、CTの交換も必ず行なうこと。

6 検査

6-6 総合連動試験

「出たとこ勝負じゃ停電に勝てない！」

勘どころ

総合連動試験は「総合停復電試験」とも呼ばれ客先に設備を引き渡す前に必ず行なう必要があります。施主やメンテナンス業者も参加する場合があるので、事前に十分な日程調整が必要です。

（総合連動試験とは）

実際に遮断器等を開放して、各種設備が予定どおりのフローで動作するかの確認。

電力監視対向試験

■その他のポイント

・全館に監視員を配置する必要があるので、人員配置の計画も重要です。

6 検査　6-6 総合連動試験

> 先輩のつぶやき…

◆工程について
- 全館停電となるので、当日他業者は作業できません。
- 停電作業が必要な不具合が見つかる場合があるので、手直し期間を考慮の上、試験日程を決定しましょう。
- 当日はお客様が参加され、ある種のセレモニーとなる場合もあるので、事前検査は確実に行ないましょう。

◆品質について
- 各種機器の起動時間は計画通りかチェックする。（停電～各種機器起動～復電～各種機器停止等）
- 27信号（停電）の取り出し位置に問題がないか実機の動作で必ず確認する。
- 停復電に伴う各種機器の動作フロー図を作成し、各ステップでチェックを行い、確認もれを防ぎましょう。

確認しましたか？

- □ 作業計画書の承諾はとれているか？
- □ 全ての機器に電源は投入されているか？
- □ 制御電源用のバッテリーの充電はOKか？
- □ 中央監視設備室等に当日の作業予定、連絡体制等を掲示しているか？
- □ 各拠点（電気室他）との連絡体制は確認済？（携帯電話のほかに、ブレストを手配する）

6 検査

6-7 消防検査

「消防のお墨付きで安心に！」

勘どころ

消防検査は建物を使用する前に必ず受ける役所検査の一つです。工事が完了している事が検査を受ける前提条件なので、検査日の設定は「自社」のみで判断せず、現場全体で調整の上、決定しましょう。

キュービクル 外観検査

■その他のポイント

・消防法関連の全設備を検査するので、専門業者（自火報、非常放送他）とよく打合せを行い、全数事前検査を行ないましょう。

・中間で消防署と協議を行なうことが重要です。
（竣工後に手直しの指摘を避けるため）

6 検査　6-7 消防検査

> 先輩のつぶやき…

◆工程について
- 消防用設備等設置届は余裕をもって提出します。
（届出書手直しの可能性含めて提出日決定）

- 手直し項目が多いと「再検査」となるので、必ず本検査前に事前全数検査を行ないます。

- 簡単な指摘事項（感知器の追加、誘導灯パネル変更等）はその場で手直しができる対応をとります。
（作業員、材料等は手配は済ませておく事）

◆品質について
- 誘導灯のバッテリーは事前に充電しておきます。
（検査中に充電不足となれば、検査続行不可）

- 防火区画は建築基準法の規程ですが、消防検査時にチェックされる事もあり、確実に終らせておきます。

確認しましたか？

- ☐ 各業者に消防検査当日の体制は確認したか？
- ☐ 防火戸（常開のみ）は全てオープンですか？
- ☐ 消防設備用電源ブレーカーにハンドルロックは装備済ですか？
- ☐ 電気室、発電機室等は全て施錠したか？（関係者以外立入禁止場所です）
- ☐ 防火戸のくぐり戸上部に避難口用パネルは設置されているか？

6 検査

6-8 建築確認検査

「建物の最終検査です！」

> 💡 勘どころ

　建築確認検査は文字通り、「建物」についての検査ですが、非常照明、雷保護設備、防火区画処理等設備関連項目も検査の対象になります。

　検査前に様々なデータを集め、検査用資料を作成することも重要です。現場が大変忙しい時期なので、段取りよく進めましょう。

■その他のポイント

・雷保護設備は検査時に接地抵抗値の再度測定を要求されるので、専門業者へ連絡を行ないましょう。

・非常照明のバッテリーは十分に充電しておきましょう。（検査中に放電し不点となれば問題です）

6 検査 6-8 建築確認検査

> 先輩のつぶやき…

◆工程について
- 非常照明のデータ採りは意外と時間が必要です。
（夜間に停電し測定するため）
- 測定用プロット図（平面図に非常照明のみ配置）の作成も手間がかかる場合があります。
（プロット作図時、別レイヤーで作図すれば便利です）
- シャッターや防火戸の感知器連動試験は、建築確認検査対象なので、専門業者の手配を忘れず行いましょう。

◆品質について
- 非常照明の照度は「器具直下」、「器具間」と1番暗いところ（部屋の隅）等の三箇所は必ず測定します。
- 区画処理を認定工法で行っている場合は、認定番号等が記入された「認定証」のコピーを貼付けておきます。

確認しましたか❓

- ☐ 各業者へ消防検査当日の体制を指示したか？
- ☐ 非常照明の測定データは準備できているか？
- ☐ 雷保護設備の接地抵抗地は再確認したか？
- ☐ 雷保護設備の施工写真はまとめているか？
 （見えない部分の検査は写真確認）

7 トピック集

7-1 サーモラベル

「色の変化がトラブルの前兆かも…」

💡 **勘どころ**

サーモラベルは貼り付けた部分の温度変化をラベルの色変化で示すものであり、キュービクルの母線の接続部や、分電盤等の幹線の接続部に使用され、次の種類があります。

1.可逆性　　2.不可逆性

銅帯接続（ボルト使用）

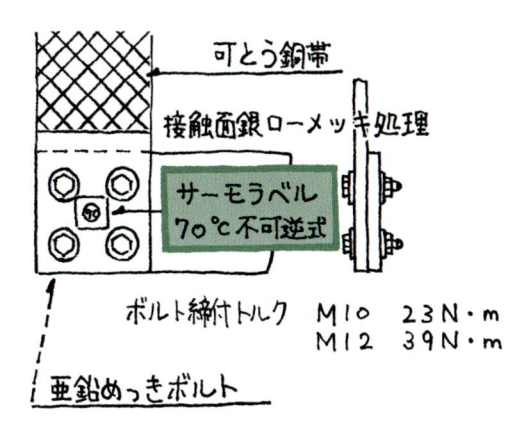

可とう銅帯
接触面銀ローメッキ処理
サーモラベル 70℃不可逆式
ボルト締付トルク　M10　23N・m
　　　　　　　　　M12　39N・m
亜鉛めっきボルト

■サーモラベルについて

・3E（3点温度表示）のものが多いので、周囲温度等をよく確認し、選択する必要があります。

・電材店で手配すると意外と高価なものです。
工場検査時等に母線構造等をよくチェックし、貼付必要箇所をメーカーへ指示しましょう。

7 トピック集　7-1 サーモラベル

> 先輩のつぶやき…

◆工程について
・キュービクル等の受電設備は、本受電前が最終の確認時期です。最後に慌てないように、搬入後メーカーが行なう接続工事の際に接続部を確認しましょう。

◆性能について
3E-60→（60℃-70℃-80℃）で変色する。
　可逆性　…変色しても温度が下がると元に戻る。
　不可逆性…1度変色すると元の色には戻らない。

◆品質について
・サーモラベルは、引渡し後の施主の日常目視点検の有力なツールなので、必要箇所に貼りましょう。
・突発的な温度変化を見逃さないため、基本的に不可逆性のものを使用します。
・電気設備のトラブルは「接続不良」に起因するものが多く、接続部の品質管理は重要です。
接続不良による温度上昇（発熱）を発見する手段としても「サーモラベル」は有効です。

確認しましたか？

- □ サーモラベルの温度選定は適切か？
- □ キュービクル母線の接続部に貼付されてるか？
- □ 幹線ケーブル接続端子部にサーモラベルが必要か設計者等に確認したか？

7 トピック集

7-2 打込配管べからず集

「私が怒られているのは何故…？」

💡 勘どころ

現場施工方法には様々な「掟」があります。特に明記がなくても「電気屋の常識」というものが数多くあります。以下に一例を示しますので、再度確認して下さい。(現場の特記仕様書等に記載されているものです)

「壁打込配管」

①外壁に打込配管は禁止です。…**クラック防止の為**
　→不可避な場合は、設計事務所等と施工方法を協議(ワイヤーメッシュで保護等)

②耐力壁に打込配管は禁止です。…**構造上の問題**
　→通常鉄筋が太く、建て込みできないはず。

③壁内横断配管は禁止です。…**CON打ち時に配管損傷**

④型枠のセパレーターとの取合いに注意する。
　→当たる場合は建築担当と協議する

「柱打込配管」

①ボックス取付時にフープ筋を移動させる事は禁止です。(大型ボックス取付時には注意)

②柱筋に打込み配管を結束する事は禁止です。
　→必要な場合は結束用の補助筋をわたす。

③柱への建て込みがある場合は、躯体図の段階でボックス取付部のかぶりを確認する。

7 トピック集 7-2 打込配管べからず集

> 先輩のつぶやき…

「スラブ配管」

①貫通ボイドの周囲は打込配管禁止です。
　→修正はつりの可能性があり、配管が損傷する。

②梁フープ筋横断時は、フープ間に配管は1本とする。

③サッシュの下は「靴刷り」を取付時、斫るので配管は不可です。

④国土交通省仕様の場合、配管結束に「鉄筋結束線」の使用は原則認められていないので、作業前に監督職員に確認しましょう。

⑤屋上スラブに打込み配管は禁止です。

⑥梁平行配管は梁から500mm以上離す。

⑦配管交差部はコンクリート打設時につぶれないように、スペーサーで保護する。

⑧外部コンクリート打放しのスラブに「鉄釘」のインサートは禁止です。

確認しましたか❓

- ☐ 施工図は最終図か？
- ☐ コンクリート打設エリアは確認したか？
- ☐ 差し筋の位置は躯体図どおりか？
- ☐ 下部の天井仕上げの有無は確認したか？

7 トピック集

7-3 天井の貼り芯って何?

「貼り芯は天井工事の基準点!」

💡 勘どころ

貼り芯とは文字通り天井のボードを「貼り始める場所」です。部屋の形状が特殊でなければ部屋の有効寸法を等分し、その中心点とするのが一般的です。

電気工事で天井に取付ける器具位置も、貼り芯を基準に寸法を決定します。

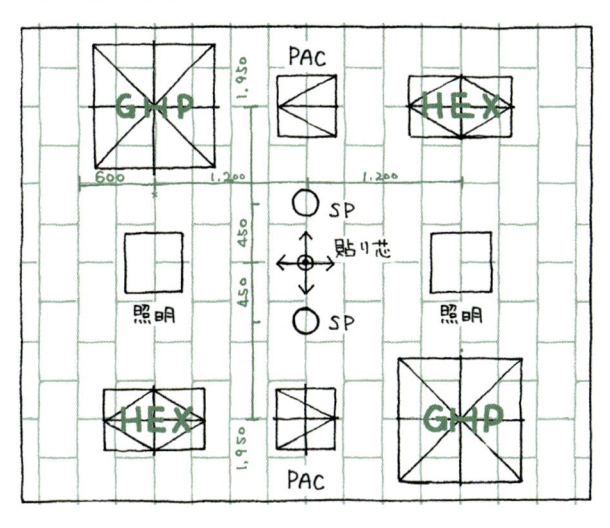

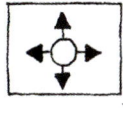

通常図面上のこのマークが貼り芯
(図面上の特記をよく確認の事)

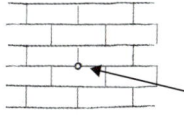

通常、このような目地を貼り芯とする。

7 トピック集　7-3 天井の貼り芯って何?

先輩のつぶやき…

◆天井工事について

・天井下地開口の「墨だし」は電気工事に含まれている場合が多いので注意しましょう。

・天井下地工事とボード工事は別作業班の場合が多いので、下地が完了すれば、ボード班の工程を確認しましょう。

・天井下地が完了すれば、器具間渡り配線や先行配線の仮止め分を固定等の作業を速やかに実施しましょう。

・開口墨を出しながら、器具開口の上部に障害物（配管等）がないか確認しましょう。

・天井業者が作った足場に上がるときは一声かけて！

↓

「天井屋さん！ちょっと足場に上がらして」
この一声で不要な揉め事が一つ減るかもしれません。

ちょっと一息

現場の言葉：「せんき」と「かじり」

　ボルト・ナットで締め付けるときに斜めに入れたときや、規格の違うボルトとナットを組み合わせて使用し、ねじ山を傷つけて、しっかりと締め付けができない状態を「せんき」という。またねじに引っかかり傷がある場合や、焼付けを起こしてねじが入らない状態を「かじり」といっている。ステンレスボルトは焼付けを起こしやすいため、焼付け防止にモリブデンをつけたりする。

7 トピック集

7-4 仮設送電チェック

「結線ミスは電気を流して初めて気付く！」

勘どころ

現場によっては「仮設足場撤去後」や、施主の生産機器設置後は簡単に寄り付けない場所に器具が設置された場合があります。そのような器具の結線が間違っていたら…

そんなことのないように事前に、仮設送電でチェックしましょう！

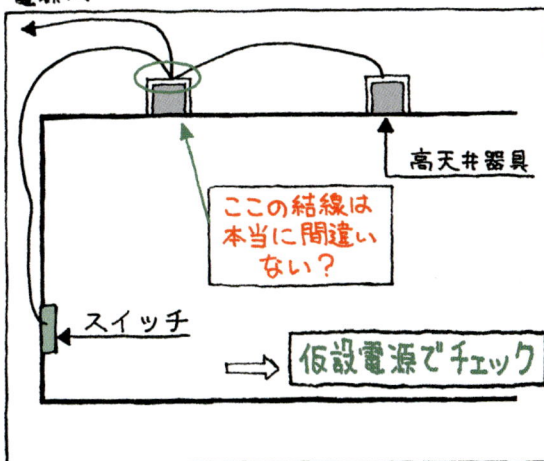

電源へ

高天井器具

ここの結線は本当に間違いない？

スイッチ

⇒ 仮設電源でチェック

■注意点

・器具台数が多い場合、仮設電源の容量を確認する。

・他業者に仮設点灯作業の実施を事前に連絡する。
（恒常点灯ではないことを周知する）

・機器電圧を確認する。
（複数回路を同時にチェックする場合）

7 トピック集 7-4 仮設送電チェック

先輩のつぶやき…

◆工程について

・建築足場がないと作業が困難な場所は、竣工後のメンテナンスの方法を検討しておきましょう。

・オートリフター付き器具を過信しない。
（器具直下に想定外の機器が設置される場合があります。）

・スイッチの点滅試験は必ず行なう。
　→点滅パターンはエンドユーザーに確認すること。

ちょっと一息

現場の言葉：インフ

　現場の試験で絶縁抵抗を測定する場合に、よく「インフ」という言葉を聞く。もともとは、無限大の英語が「infinity」だからこんな言い方をするのであろうと思う。また記号も「∞」と試験データに記入する者もいる。しかし、絶縁抵抗は無限大ではなく値がある。正しくは、絶縁抵抗計の数値が読める範囲以上となり、500Vの絶縁抵抗計では「100MΩ以上」、1000Vの絶縁抵抗計では「2000MΩ以上」と記入する。

7 トピック集

7-5 OAフロア内工事べからず集

「強電・弱電ケーブルの離隔は確実に」

◆OAフロア内のケーブルについて

・使用電圧が300V以下であっても600Vビニル絶縁電線（IV電線）は使用できません。
二種以上のキャプタイヤケーブル、ビニル外装ケーブル（VVケーブル）など低圧ケーブルを使用します。

・使用電圧が300Vを超える場合は、ケーブルまたは三種以上のキャブタイヤーケーブルを使用しなければなりません。

◆OAフロア内の配線方法

・強電ケーブルと弱電ケーブルの平行配線は止めましょう。交差する場合は、セパレータや電磁シールドテープで隔離します。

・ケーブルの極端な曲り配線は止めましょう。
ケーブルの曲げ半径は、ケーブル仕上がり外径の6倍以上が必要です。

・フロア内のケーブルはころがし配線とすることができます。整線のため束ね過ぎるとケーブルの許容電流が減少し、絶縁被覆の劣化、焼損に繋がります。7本以下とします。

◆ケーブル配線の接続方法

・フロア内のケーブル接続は、床に固定された接続器具やジョイントボックス内で行い、フロアの上から接続箇所が容易に確認でき、フロア面が容易に開閉できる箇所にしましょう。

7 トピック集　7-5 OAフロア内工事べからず集

◆コンセントなどの施設について

・コンセントは原則としてフロア内には設置できません。しかし、抜止形または引掛形コンセントを固定し、フロア面に設置位置を示すマーキング等の処置をすればフロア内設置ができるようになります。

◆分電盤の施設

・分電盤は原則としてフロア内に施設できません。ただし、当該フロア内のみに電気を供給する補助的な分電盤（床に固定）に限り施設できます。この場合もコンセントと同じで、施設位置を示すマークと容易に開閉できる処置が必要です。

・フロア内の金属製の箱には、D種接地工事（300V以下）、C種接地工事（300V超過）が必要です。

ちょっと一息

現場の言葉：「VAケーブルとFケーブル」

　VVFケーブルのことを関西を中心とした西日本ではVAと言い、関東を中心とした東日本ではFケーブルと呼んでいる。VAはビニル・アーマ（ビニル製の鎧）、Fはフラット（平らな）からきている。正式な名称は、600Vビニル絶縁ビニルシースケーブル平型である。

　またVVRケーブル（丸型）をSVケーブルといった言い方をしている。こちらは俗称ではなく、低圧線用ビニル外装銅ケーブルのことを指し、VVRケーブルが同等になると言っているようである。Sの意味を調べたが、シースがビニルということでSVケーブルと呼んでいるようである。

7 トピック集

7-6 コンセントの極性チェック

「コンセントの中性線と接地線の接続が間違っていれば、感電事故の元！」

勘どころ

コンテスターでは電源側と中性線の極性間違いは判定できますが、中性線と接地端子の接続間違いは、判定できません。（有電圧にて測定）

デルタメイトの場合には、全ての極性判定が可能です。（無電圧にて測定）

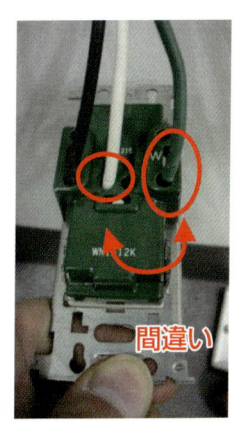

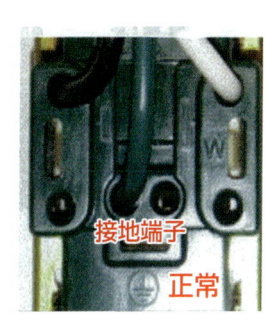

間違い

接地端子
正常

現場では送電前に回路の絶縁抵抗測定を実施するが、コンセントは絶縁抵抗測定だけでなく、極性確認まで必要です。

測定器は、デルタメイトを使用することにより、中性線と接地線の誤結線も確実にチェックできます。

絶縁抵抗測定記録と共に極性確認結果も同時に記録を残すことが大事です。

7 トピック集 　7-6 コンセントの極性チェック

・デルタメイト（無電圧状態のみ使用可）使用方法

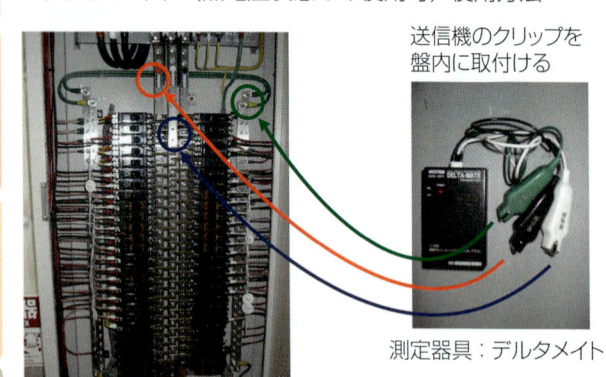

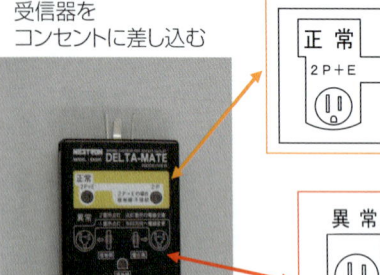

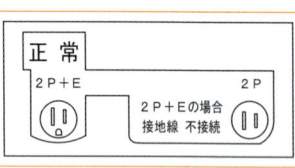

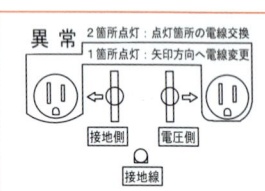

送信機のクリップを
盤内に取付ける

測定器具：デルタメイト

受信器を
コンセントに差し込む

```
正常
2P+E                    2P
 [⊙]      2P+Eの場合     [⊙]
          接地線 不接続
```

```
異常   2箇所点灯：点灯箇所の電線交換
       1箇所点灯：矢印方向へ電線変更
 [⊙]  ⇐  ⇒        [⊙]
       接地側  電圧側
              接地線
```

確認しましたか？

- ☐ デルタメイトは、無電圧（停電）状態しか使用できない！
- ☐ 共立電気計器も極性判定が出来る。
- ☐ 現場で作業員に極性チェックの必要性を教育したか？

7 トピック集

7-7 ストリップゲージ

「同じ長さと思うと負け！」

💡 勘どころ

電源接続部には、ストリップゲージと呼ばれる電線の剥ぎ取り寸法が表示した「溝」があります。施工前に必ず寸法を確認してから作業に着手しましょう。

スイッチ差込み端子　　　　コンセント差込み端子
（パナソニック製）　　　　（パナソニック製）

ストリップゲージ（10mm）　ストリップゲージ（12mm）

照明器具差込み端子
（パナソニック製:12mm）

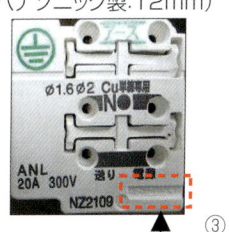

■写真について（①〜③部）

ストリップゲージの長さがメーカーによって異なることがよく判ると思います。

作業員にこの事をキチンと周知しましょう。

7 トピック集 7-7 ストリップゲージ

先輩のつぶやき…

◆管理について

・海外製品や新製品等は端子部の構造を施工前に確認し、特殊な製品は、必ず作業員に教育しましょう。

・接続端子の施工不良は火事の元！！！
　十分注意しよう。

◆品質について

・フル端子と電線導体との接続は点接触のため確実に差込みましょう。

・電線導体は、端子内クリップのばねを利用して固定しているため、奥まで確実に差込みましょう。

・電源側の第1番目の器具端子には、回路の全電流が流れるので、容量が適切か確認しましょう。

確認しましたか？

- ☐ 電線被覆の剥ぎ取り長さは、ゲージに合わせて適正に行なわれているか？
- ☐ 電線被覆の剥ぎ取り後の芯線はまっすぐになっているか？
- ☐ 棒端子を使用の場合は、絶縁物が支障となり差込が窮屈になっていないか？

7 トピック集

7-8 FL、SL、GLの違い

「機器取付高さは建築基準高さより」

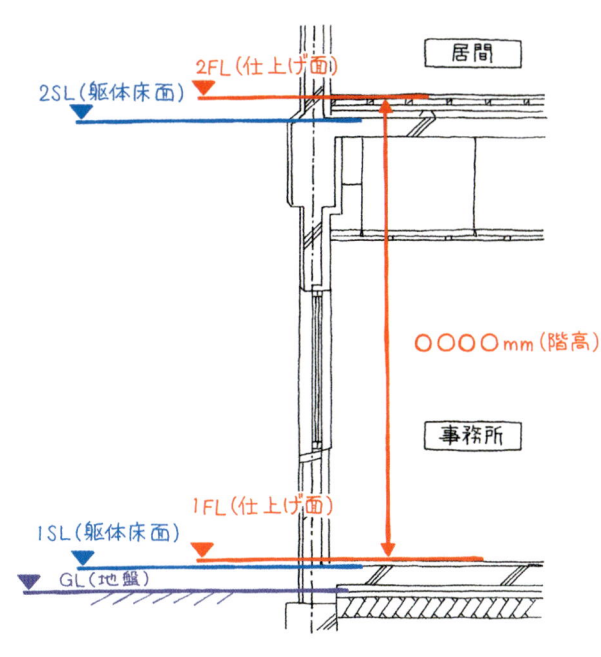

> 勘どころ

図中注記:
- 2FL（仕上げ面）
- 2SL（躯体床面）
- 居間
- ○○○○mm（階高）
- 事務所
- 1FL（仕上げ面）
- 1SL（躯体床面）
- GL（地盤）

■建築基準高さについて

- **FL**（フロアライン） ： 床の仕上げ（内装床）高さを指しますが、建築図では慣用的に各階の基準床の高さを指します。

- **SL**（スラブライン） ： 躯体コンクリートの高さ（構造体の床で内装床高さではない）を指します。

- **GL**（グランドライン）： 地盤の高さを指します。

7 トピック集　7-8 FL、SL、GLの違い

> 先輩のつぶやき…

◆機器取付について

- 機器取付時は平面は建築の通り芯より、高さはFL（外構はGL）より所定寸法を測りましょう。
- 建築の基準床の高さ面（FL）は必ずしも床仕上げの高さとは限らない。電気室の床などはコンクリート増打ちで○FL＋…mmの場合もある。機器取付時に各室の仕上げ高さを確認しましょう。
- 外構工事でハンドホール据付時は、外構仕上がり高さを確認しましょう。

◆建築の基準高さ面（FL）の明示場所について

- **躯体工事中**：FLより1m上がりの基準墨を鉄筋等に明示しているので現場にて確認する。
- **内装工事中**：FLより1m上がりの基準墨を躯体面等に明示しているので現場にて確認する。

ちょっと一息

現場の言葉：「キンク」と「わらい」

電線やワイヤーを使っているときに、この言葉が出てくる。「キンク」は線が丸くねじれた状態を言い、英語では「kink」でそのままの意味である。ねじれた状態のまま引っ張ると線を傷つけたり、素線切れの原因になるので注意を要する。また「わらい」は線がバラバラになる状態をいい強度に影響する。

7 トピック集

7-9 防火区画壁の処理

「ボックス材質を確認しておけば…」

勘どころ

次のような質問がしばしばあります。

「設計図の防火区画壁にスイッチとコンセントがあり、普通の壁と同じ工法で施工をしたところ、建築確認検査で不適合となった。是正方法は？」

施工方法を確認すると樹脂製ボックスであり、現状対応方法はなく、結局区画以外の壁に移設となりました。

この部位の施工方法は所轄行政機関により判断が異なるため、事前確認が必要です。認定工法も随時新しいものが開発されているので施工前に調べ、認定工法で施工をするようにしましょう。

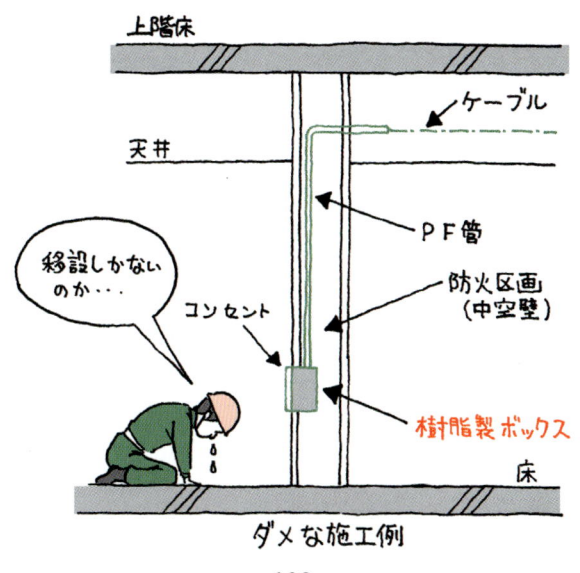

ダメな施工例

7 トピック集 7-9 防火区画壁の処理

😌 先輩のつぶやき…

◆防火区画処理の認定工法例

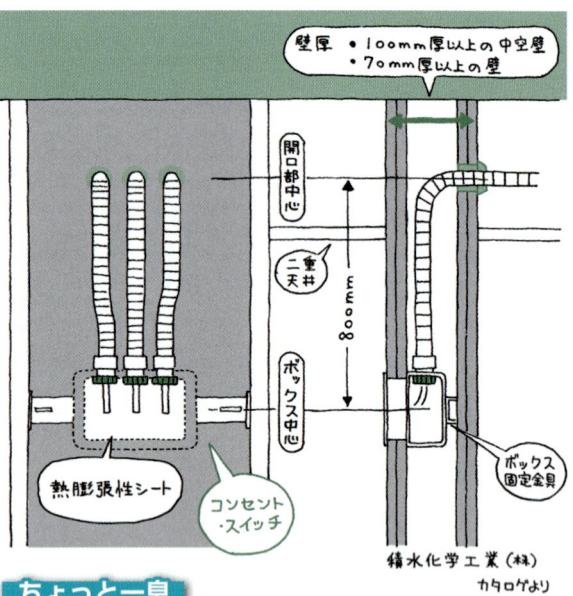

壁厚 ・100mm厚以上の中空壁
・70mm厚以上の壁

開口部中心

二重天井

800mm

ボックス中心

熱膨張性シート

コンセント・スイッチ

ボックス固定金具

積水化学工業(株) カタログより

ちょっと一息

現場の言葉：アングル

　現場で使う鋼材で「アングル」といった言葉を聞く。正式には「山形鋼」であるが、L型あることから「angle」からきている。そのほかに「溝型鋼」は「チャンネル」、「リップ溝鋼」は「Cチャン」、「I型鋼」は「Iビーム」、「平鋼」は「フラットバー」、「鉄板」は「プレート」と言い方をしている。図面表現では、L、C、I、FB、PLと表し、サイズを記入する。たとえば「L50×50×6」「C100×50×5×7.5」と記入する。

7 トピック集
7-10 現場で使用する概数

「図面を読む力を身につけよう」

勘どころ

「図面を読む」とは、kVA(容量)、A(電流)電圧降下、パーセントインピーダンス等の概数を頭でつかむ能力です。

①kVAと電流

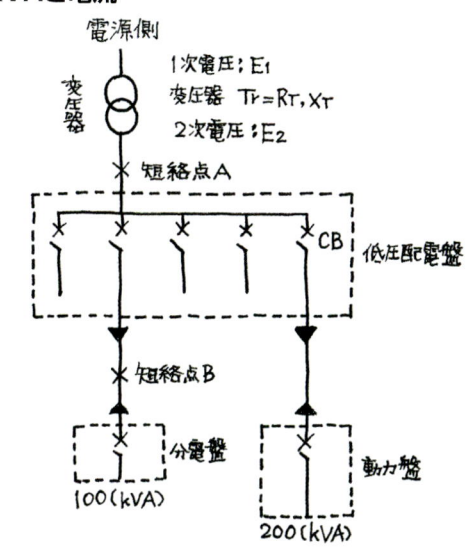

電源側
変圧器
1次電圧；E_1
変圧器 $Tr = R_T, X_T$
2次電圧；E_2
短絡点A
CB 低圧配電盤
短絡点B
分電盤
100(kVA)
動力盤
200(kVA)

上図のようなスケルトンの場合、変圧器の一次、二次電圧によりkVA負荷あたりの相負荷の電流を計算する場合の倍数は以下のとおりです。

6.6(kV)	3.3(kV)	415(V)	200(V)
↓	↓	↓	↓
$\frac{1}{10}$倍	$\frac{1}{5}$倍	1.5倍	3倍

7 トピック集 　7-10 現場で使用する概数

★　　計　算　例

◆一次電圧　$E_1=6.6(kV)$　$E_2=210(V)$の場合、変圧器一次側に流れる電流値は

① $I_P = (100+200) \times \dfrac{1}{10} = 30(A)$

変圧器二次側100(kVA)の負荷電流I_{S1}は

② $I_{S1} = 100 \times 3 = 300(A)$

③ $I_{S2} = 200 \times 3 = 600(A)$

①、②、③の電流値の計算には、「概数」を使用しています。
①で求めた電流値を正式に計算すると

$I_P = \dfrac{100+200}{\sqrt{3} \times 6.6} = 26.2(A)$

⬇

「概数」で求めた値が計算値より約10(％)程度大きくなると理解しておくとより便利です。

7 トピック集　7-10 現場で使用する概数

2 電圧降下

条件 $100mm^2 - 100A - 100m$ の時

（100スケ－100アン－100メートル）と覚えて下さい。

> 1Φ3Wの電圧降下→2(V)
> 1Φ2Wの電圧降下→4(V)　になります。
> 3Φ3Wの電圧降下→3.5(V)

‥‥(1)

ここで基本に戻って電圧降下の計算式を確認しましょう。

$$電圧降下(e) = K \cdot \frac{I(電流) \times L(こう長)}{1000 \times A(断面積)}$$ で

‥‥(2)

配電方式により定数Kが変化します。

$$\begin{cases} 1Φ3Wの場合 & 17.8 \quad \cdots(3) \\ 1Φ2Wの場合 & 35.6 \quad \cdots(4) \\ 3Φ3Wの場合 & 30.8 \quad \cdots(5) \end{cases}$$

◆概数の値で計算すると

1Φ3W　$e = 17.8 \times \dfrac{100 \times 100}{1000 \times 100} = 1.78$ ‥‥(2)(3)より
（概数では2）

1Φ2W　$e = 35.6 \times \dfrac{100 \times 100}{1000 \times 100} = 3.56$ ‥‥(2)(4)より
（概数では4）

3Φ3W　$e = 30.8 \times \dfrac{100 \times 100}{1000 \times 100} = 3.08$ ‥‥(2)(5)より
（概数では3.5）

以上のように「概算」として使用するには問題のない値となります。
従って $60mm^2 - 100A - 100m$ の場合は
$\dfrac{100}{60} ≒ 1.7$ 倍となり、電圧降下は(1)×1.7倍の概数値となります。

7 トピック集　7-10 現場で使用する概数

3 %インピーダンス

◆%インピーダンスとは?

「回路に定格電流が流れたときに、回路のインピーダンスによって生じる電圧降下と回路電圧との比を%(パーセント)で表したもの」です。

ここで定義の説明は行ないませんが、これを用いて現場で必要な「短絡電流」の簡易計算方法を説明します。

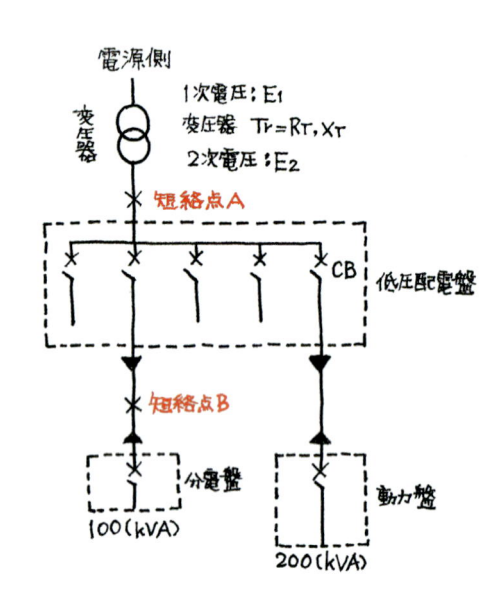

```
           電源側
             |
    変圧器 ━┿━    1次電圧：E₁
             |     変圧器 Tr = Rт, Xт
             |     2次電圧：E₂
           ×短絡点A
    ┌──────────────────┐
    │ × × × ×   ×CB   │   低圧配電盤
    └──────────────────┘
             │
           ×短絡点B
        ┌─────┐       ┌─────┐
        │分電盤│       │動力盤│
        └─────┘       └─────┘
        100(kVA)      200(kVA)
```

◆変圧器の%インピーダンスについて

変圧器(定格容量基準)

- 特高変圧器　22(kV)級　5.5(%)
- 高圧変圧器　6.6(kV)　100(kVA) 3(%) ┐ 平均
　　　　　　　　　　　 750(kVA) 4(%) ┘ 3.3(%)とする

---

7 トピック集 7-10 現場で使用する概数

[4] 短絡電流

◆変圧器二次側の短絡電流の概算

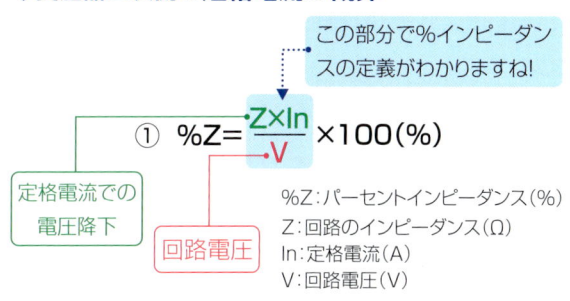

この部分で%インピーダンスの定義がわかりますね!

① $\%Z = \dfrac{Z \times In}{V} \times 100 \,(\%)$

- 定格電流での電圧降下 → $Z \times In$
- 回路電圧 → V

%Z:パーセントインピーダンス(%)
Z:回路のインピーダンス(Ω)
In:定格電流(A)
V:回路電圧(V)

① 式は%インピーダンスの定義の式です。
① 式を変形すると

② $Z = \dfrac{\%Z}{100} \times \dfrac{V}{In}$

短絡電流(Is)は下記Zに②式のZ(インピーダンス)を代入すると

$Is = \dfrac{V}{Z} = \dfrac{V}{\dfrac{\%Z}{100} \times \dfrac{V}{In}}$ (A)

$= In \times \dfrac{100}{\%Z}$ (A)

ここで%Z=3.3(高圧変圧器の場合) なので(これも概数)

$\dfrac{100}{\%Z} \fallingdotseq 30$ と出来る。

短絡点Aの短絡電流(Is)は**定格電流**の30倍(変圧器の二次側) と算出できます。

これも「概数」で算出できますね!

この式より、

1. Z(インピーダンス)が小さくなれば、短絡電流が大きくなる。
2. 回路電圧が高いほど、短絡電流は大きくなる。

等が感覚としてわかる。

7 トピック集　7-10 現場で使用する概数

◆低圧幹線の途中の短絡電流

スケルトンの「短絡点(B)」で短絡した場合、先ほど算出した「定格電流の30倍」と同じ値となるのでしょうか?

★ここで考えなければならないのは

ケーブルのインピーダンス です。

低圧幹線ケーブルの%Zは容量に比例し、断面積に反比例、亘長に比例する。

> 従って低圧幹線部分は変圧器2次側よりインピーダンスが増加する方向なので、短絡電流は小さくなります。

従って短絡点(A)で算出した「定格電流の30倍」で「概算」し、詳細検討はデータを利用して机上で行ないましょう。

7 トピック集 7-10 現場で使用する概数

5 変圧器の重量

◆変圧器の重量

現場で建築担当との打合せで「キュービクルの重量は?」と聞かれる事はないですか?機器製作図があれば重量は記載されていますが、着工後すぐの時期ではメーカーも未定の場合があります。そんな時に下記「概数」を利用すれば建築担当者に大まかな重量を提示する事が出来ます。

一般キュービクル(うす型以外)の箱体の重量は

> W=1000以下 1000(kg)　W=1800まで 1500(kg)

と考えて大きくずれることはありません。

> 油入の場合　容量(kVA)×3(kg)〔500kVA以上〕
> それ以下の容量では
>
> | 20(kVA) | 50(kVA) | 100(kVA) | 200(kVA) | 300(kVA) |
> |---|---|---|---|---|
> | ↓ | ↓ | ↓ | ↓ | ↓ |
> | 10倍 | 6倍 | 5倍 | 4倍 | 5倍 |

> モールドの場合　100〜500(kVA)　容量(kVA)×3.5(kg)
> 　　　　　　　　750〜2000(kVA)　容量(kVA)×2.5(kg)

以上の値から、キュービクルの概算重量を算出できます。

7 トピック集

MEMO

8 資料

ケーブルを収容する電線管サイズ

ケーブル種別	サイズ (sq)	仕上外径 (mm)	断面積 (sq)	導体抵抗 20℃ Ω/km	厚鋼 外径×1.5	厚鋼 収容率32% 1本+E	厚鋼 収容率32% 2本	厚鋼 収容率32% 3本	薄鋼 外径×1.5	薄鋼 収容率32% 1本+E	薄鋼 収容率32% 2本	薄鋼 収容率32% 3本
600V CV-2C	2	10.5	86.5	9.4200	16	22	28	36	19	25	31	39
	3.5	11.5	103.8	5.3000	22	22	36	36	25	25	39	51
	5.5	13.5	143.1	3.4000	22	28	36	42	25	31	39	51
	8	14.5	165.0	2.3600	22	28	36	54	25	31	51	51
	14	16.5	213.7	1.3400	28	36	42	54	31	39	51	63
	22	19.5	298.5	0.8490	36	42	54	70	39	51	63	75
	38	24.0	452.2	0.4910	36	54	70	82	51	51	75	
	60	29.0	660.2	0.3110	54	54	82	92	51	63		
	100	37.0	1,074.7	0.1870	70	70	92		63	75		
	150	43.0	1,451.5	0.1240	70	82			75			
	200	50.0	1,962.5	0.0933	82	92						
	250	54.0	2,289.1	0.0754	82	104						
	325	60.0	2,826.0	0.0579	92							
600V CV-3C	2	11.0	95.0	9.4200	22	28	28	36	25	25	31	39
	3.5	12.5	122.7	5.3000	22	28	36	42	25	31	39	51
	5.5	14.5	165.0	3.4000	22	28	36	54	25	31	51	51
	8	15.5	188.6	2.3600	28	36	42	54	31	39	51	51
	14	17.5	240.4	1.3400	28	36	54	54	31	39	51	63
	22	21.0	346.2	0.8490	36	42	54	70	39	51	63	75
	38	25.0	490.6	0.4910	42	54	70	82	51	51	75	
	60	31.0	754.4	0.3110	54	70	82	104	51	63		
	100	40.0	1,256.0	0.1870	70	82	104		75			
	150	46.0	1,661.1	0.1240	70	92			75			
	200	54.0	2,289.1	0.0933	82	104						
	250	58.0	2,640.7	0.0754	92	104						
	325	65.0	3,316.6	0.0579								
600V CV-4C	2	12.0	113.0	9.4200	22	28	36	36	25	25	39	51
	3.5	13.0	132.7	5.3000	22	28	36	42	25	31	39	51
	5.5	16.0	201.0	3.4000	28	36	42	54	31	39	51	63
	8	17.0	226.9	2.3600	28	36	42	54	31	39	51	63
	14	19.0	283.4	1.3400	36	36	54	70	31	51	51	63
	22	23.0	415.3	0.8490	36	54	70	82	39	51	63	75
	38	28.0	615.4	0.4910	42	54	82	92	51	63	75	
	60	34.0	907.5	0.3110	54	70	92	104	63	75		
	100	44.0	1,519.8	0.1870	70	82			75			
	150	51.0	2,041.8	0.1240	82	92						
	200	59.0	2,732.6	0.0933	92	104						
	250	65.0	3,316.6	0.0754	104							
	325	72.0	4,069.4	0.0579								

8 資料 ケーブルを収容する電線管サイズ

ケーブル種別	サイズ (sq)	仕上外径 (mm)	断面積 (sq)	導体抵抗 20℃ Ω/km	ねじ無し 外径×1.5	ねじ無し 収容率32% 1本+E	ねじ無し 収容率32% 2本	ねじ無し 収容率32% 3本	VE、HIVE 外径×1.5	VE、HIVE 収容率32% 1本+E	VE、HIVE 収容率32% 2本	VE、HIVE 収容率32% 3本
600V CV-2C	2	10.5	86.5	9.4200	E19	E25	E31	E39	16	22	28	36
600V CV-2C	3.5	11.5	103.8	5.3000	E25	E25	E31	E39	16	22	36	42
600V CV-2C	5.5	13.5	143.1	3.4000	E25	E31	E39	E51	22	28	36	54
600V CV-2C	8	14.5	165.0	2.3600	E25	E31	E51	E51	22	28	42	54
600V CV-2C	14	16.5	213.7	1.3400	E31	E39	E51	E63	28	36	54	54
600V CV-2C	22	19.5	298.5	0.8490	E39	E51	E63	E63	36	42	54	70
600V CV-2C	38	24.0	452.2	0.4910	E51	E51	E63		42	54	70	82
600V CV-2C	60	29.0	660.2	0.3110	E51	E63	E75		54	70	82	
600V CV-2C	100	37.0	1,074.7	0.1870	E63	E75			70	82		
600V CV-2C	150	43.0	1,451.5	0.1240	E75				70			
600V CV-2C	200	50.0	1,962.5	0.0933					82			
600V CV-2C	250	54.0	2,289.1	0.0754								
600V CV-2C	325	60.0	2,826.0	0.0579								
600V CV-3C	2	11.0	95.0	9.4200	E19	E25	E31	E39	16	22	28	36
600V CV-3C	3.5	12.5	122.7	5.3000	E25	E31	E39	E51	22	28	36	42
600V CV-3C	5.5	14.0	165.0	3.4000	E25	E31	E51	E51	22	28	42	54
600V CV-3C	8	15.5	188.6	2.3600	E31	E39	E51	E51	28	36	42	54
600V CV-3C	14	17.5	240.4	1.3400	E31	E39	E51	E63	28	36	54	70
600V CV-3C	22	21.0	346.2	0.8490	E39	E51	E63	E75	36	42	70	70
600V CV-3C	38	25.0	490.6	0.4910	E51	E51	E75		42	54	70	82
600V CV-3C	60	31.0	754.4	0.3110	E51	E63			54	70		
600V CV-3C	100	40.0	1,256.0	0.1870	E63	E75			70	82		
600V CV-3C	150	46.0	1,661.1	0.1240	E75				82			
600V CV-3C	200	54.0	2,289.1	0.0933								
600V CV-3C	250	58.0	2,640.7	0.0754								
600V CV-3C	325	65.0	3,316.6	0.0579								
600V CV-4C	2	12.0	113.0	9.4200	E25	E25	E39	E51	16	28	36	42
600V CV-4C	3.5	13.0	132.7	5.3000	E25	E31	E39	E51	22	28	36	42
600V CV-4C	5.5	16.0	201.0	3.4000	E31	E39	E51	E63	28	36	42	54
600V CV-4C	8	17.0	226.9	2.3600	E31	E39	E51	E63	28	36	54	70
600V CV-4C	14	19.0	283.4	1.3400	E31	E51	E51	E63	36	42	54	70
600V CV-4C	22	23.0	415.3	0.8490	E39	E51	E63	E75	36	54	70	82
600V CV-4C	38	28.0	615.4	0.4910	E51	E63	E75		54	70	82	
600V CV-4C	60	34.0	907.5	0.3110	E63	E75			54	70		
600V CV-4C	100	44.0	1,519.8	0.1870	E75				70			
600V CV-4C	150	51.0	2,041.8	0.1240					82			
600V CV-4C	200	59.0	2,732.6	0.0933								
600V CV-4C	250	65.0	3,316.6	0.0754								
600V CV-4C	325	72.0	4,069.4	0.0579								

8 資料 ケーブルを収容する電線管サイズ

ケーブル種別	サイズ (sq)	仕上外径 (mm)	断面積 (sq)	導体抵抗 20℃ Ω/km	厚鋼 外径×1.5	厚鋼 収容率32% 1本+E	厚鋼 収容率32% 2本	厚鋼 収容率32% 3本	薄鋼 外径×1.5	薄鋼 収容率32% 1本+E	薄鋼 収容率32% 2本	薄鋼 収容率32% 3本
600V CV-D (2個より)	14	19.0	283.4	1.3400	36	36	54	70	31	51	51	63
	22	22.0	379.9	0.8490	36	42	70	70	39	51	63	75
	38	26.0	530.7	0.4910	42	54	70	82	51	63	75	
	60	31.0	754.4	0.3110	54	70	82	104	51	63		
	100	38.0	1,133.5	0.1870	70	70	104		63	75		
	150	44.0	1,519.8	0.1240	70	82			75			
	200	51.0	2,041.8	0.0933	82	92						
	250	55.0	2,374.6	0.0754	92	104						
	325	61.0	2,921.0	0.0579	92							
600V CV-T (3個より)	14	21.0	346.2	1.3400	36	42	54	70	39	51	63	75
	22	24.0	452.2	0.8490	36	54	70	82	51	51	75	
	38	28.0	615.4	0.4910	42	54	82	92	51	63	75	
	60	33.0	854.9	0.3110	54	70	92	104	63	75		
	100	41.0	1,319.6	0.1870	70	82	104		75			
	150	47.0	1,734.1	0.1240	82	92			75			
	200	55.0	2,374.6	0.0933	92	104						
	250	60.0	2,826.0	0.0754	92							
	325	66.0	3,419.5	0.0579	104							
600V CV-Q (4個より)	14	23.0	415.3	1.3400	36	54	70	82	39	51	63	75
	22	27.0	572.3	0.8490	42	54	70	92	51	63	75	
	38	31.0	754.4	0.4910	54	70	82	104	51	63		
	60	37.0	1,074.7	0.3110	70	70	92		63	75		
	100	46.0	1,661.1	0.1870	70	92						
	150	53.0	2,205.1	0.1240	82	104						
	200	61.0	2,921.0	0.0933	92							
	250	67.0	3,523.9	0.0754	104							
	325	74.0	4,298.7	0.0579								

8 資料　ケーブルを収容する電線管サイズ

ケーブル種別	サイズ (sq)	仕上外径 (mm)	断面積 (sq)	導体抵抗 20℃ Ω/km	ねじ無し 外径×1.5	ねじ無し 収容率32% 1本+E	ねじ無し 収容率32% 2本	ねじ無し 収容率32% 3本	VE、HIVE 外径×1.5	VE、HIVE 収容率32% 1本+E	VE、HIVE 収容率32% 2本	VE、HIVE 収容率32% 3本
600V CV-D (2個より)	14	19.0	283.4	1.3400	E31	E51	E51	E63	36	42	54	70
	22	22.0	379.9	0.8490	E39	E51	E63	E75	36	54	70	82
	38	26.0	530.7	0.4910	E51	E51	E75		42	54	70	
	60	31.0	754.4	0.3110	E51	E63			54	70		
	100	38.0	1,133.5	0.1870	E63	E75			70	82		
	150	44.0	1,519.8	0.1240	E75				70			
	200	51.0	2,041.8	0.0933								
	250	55.0	2,374.6	0.0754								
	325	61.0	2,921.0	0.0579								
600V CV-T (3個より)	14	21.0	346.2	1.3400	E39	E51	E63	E75	36	42	70	70
	22	24.0	452.2	0.8490	E51	E51	E63		42	54	70	82
	38	28.0	615.4	0.4910	E51	E63	E75		54	70	82	
	60	33.0	854.9	0.3110	E63	E75			54	70		
	100	41.0	1,319.6	0.1870	E75				70	82		
	150	47.0	1,734.1	0.1240	E75				82			
	200	55.0	2,374.6	0.0933								
	250	60.0	2,826.0	0.0754								
	325	66.0	3,419.5	0.0579								
600V CV-Q (4個より)	14	23.0	415.3	1.3400	E39	E51	E63	E75	36	54	70	82
	22	27.0	572.3	0.8490	E51	E63	E75		54	54	82	
	38	31.0	754.4	0.4910	E51	E63			54	70		
	60	37.0	1,074.7	0.3110	E63	E75			70	82		
	100	46.0	1,661.1	0.1870	E75				82			
	150	53.0	2,205.1	0.1240								
	200	61.0	2,921.0	0.0933								
	250	67.0	3,523.9	0.0754								
	325	74.0	4,298.7	0.0579								

8 資料 ケーブルを収容する電線管サイズ

ケーブル種別	サイズ (sq)	仕上外径 (mm)	断面積 (sq)	導体抵抗 20℃ Ω/km	FEP 外径×1.5	FEP 収容率32% 1本+E	FEP 収容率32% 2本	FEP 収容率32% 3本	SGP(ガス管) 外径×1.5	SGP 収容率32% 1本+E	SGP 収容率32% 2本	SGP 収容率32% 3本
600V CV-2C	2	10.5	86.5	9.4200	30	30	30	40	32	32	32	32
	3.5	11.5	103.8	5.3000	30	30	30	40	32	32	32	32
	5.5	13.5	143.1	3.4000	30	30	40	50	32	32	32	40
	8	14.5	165.0	2.3600	30	30	40	50	32	32	40	50
	14	16.5	213.7	1.3400	30	40	50	65	32	32	40	50
	22	19.5	298.5	0.8490	30	40	50	65	32	40	50	65
	38	24.0	452.2	0.4910	40	50	65	80	40	50	65	80
	60	29.0	660.2	0.3110	50	65	80	100	50	65	80	90
	100	37.0	1,074.7	0.1870	65	80	100	125	65	65	90	125
	150	43.0	1,451.5	0.1240	65	80	125	150	65	80	125	150
	200	50.0	1,962.5	0.0933	80	100	125	200	80	90	125	150
	250	54.0	2,289.1	0.0754	100	100	150	200	90	100	150	175
	325	60.0	2,826.0	0.0579	100	125	150	200	90	125	150	200
600V CV-3C	2	11.0	95.0	9.4200	30	30	30	40	32	32	32	32
	3.5	12.5	122.7	5.3000	30	30	30	40	32	32	32	40
	5.5	14.5	165.0	3.4000	30	30	40	50	32	32	40	50
	8	15.5	188.6	2.3600	30	30	40	50	32	32	40	50
	14	17.5	240.4	1.3400	30	40	50	65	32	32	50	65
	22	21.0	346.2	0.8490	40	40	65	65	32	40	50	65
	38	25.0	490.6	0.4910	40	50	65	80	40	50	65	80
	60	31.0	754.4	0.3110	50	65	80	100	50	65	80	100
	100	40.0	1,256.0	0.1870	65	80	100	125	65	80	100	125
	150	46.0	1,661.1	0.1240	80	100	125	150	80	90	125	150
	200	54.0	2,289.1	0.0933	100	100	150	200	90	100	150	175
	250	58.0	2,640.7	0.0754	100	125	150	200	90	100	150	175
	325	65.0	3,316.6	0.0579	100	125	200	200	100	125	175	200
600V CV-4C	2	12.0	113.0	9.4200	30	30	30	40	32	32	32	40
	3.5	13.0	132.7	5.3000	30	30	40	40	32	32	32	40
	5.5	16.0	201.0	3.4000	30	30	40	50	32	32	40	50
	8	17.0	226.9	2.3600	30	40	50	65	32	32	50	50
	14	19.0	283.4	1.3400	30	40	50	65	32	40	50	65
	22	23.0	415.3	0.8490	40	50	65	80	32	50	65	80
	38	28.0	615.4	0.4910	50	65	80	100	50	50	80	90
	60	34.0	907.5	0.3110	65	65	100	125	50	65	90	100
	100	44.0	1,519.8	0.1870	80	80	125	150	65	80	125	150
	150	51.0	2,041.8	0.1240	80	100	150	200	80	90	125	175
	200	59.0	2,732.6	0.0933	100	125	150	200	90	125	150	200
	250	65.0	3,316.6	0.0754	100	125	200	200	100	125	175	200
	325	72.0	4,069.4	0.0579	125	150	200		125	125	175	

8 資料　ケーブルを収容する電線管サイズ

ケーブル種別	サイズ (sq)	仕上外径 (mm)	断面積 (sq)	導体抵抗 20℃ Ω/km	FEP 外径×1.5	FEP 収容率32% 1本+E	FEP 収容率32% 2本	FEP 収容率32% 3本	SGP(ガス管) 外径×1.5	SGP(ガス管) 収容率32% 1本+E	SGP(ガス管) 収容率32% 2本	SGP(ガス管) 収容率32% 3本
600V CV-D (2個より)	14	19.0	283.4	1.3400	30	40	50	65	32	40	50	65
	22	22.0	379.9	0.8490	40	50	65	80	32	40	65	80
	38	26.0	530.7	0.4910	40	50	65	80	40	50	65	80
	60	31.0	754.4	0.3110	50	65	80	100	50	65	80	100
	100	38.0	1,133.5	0.1870	65	80	100	125	65	80	100	125
	150	44.0	1,519.8	0.1240	80	100	125	150	65	80	125	150
	200	51.0	2,041.8	0.0933	80	100	150	200	80	90	125	175
	250	55.0	2,374.6	0.0754	100	100	150	200	90	100	150	175
	325	61.0	2,921.0	0.0579	100	125	200	200	90	125	150	200
600V CV-T (3個より)	14	21.0	346.2	1.3400	40	40	65	65	32	40	50	65
	22	24.0	452.2	0.8490	40	50	65	80	40	50	65	80
	38	28.0	615.4	0.4910	50	65	80	100	50	50	80	90
	60	33.0	854.9	0.3110	50	65	80	125	50	65	90	100
	100	41.0	1,319.6	0.1870	65	80	125	125	65	80	100	125
	150	47.0	1,734.1	0.1240	80	100	125	150	80	90	125	150
	200	55.0	2,374.6	0.0933	100	100	150	200	90	100	150	175
	250	60.0	2,826.0	0.0754	100	125	150	200	90	125	150	200
	325	66.0	3,419.5	0.0579	100	125	200		100	125	175	200
600V CV-Q (4個より)	14	23.0	415.3	1.3400	40	50	65	80	32	50	65	80
	22	27.0	572.3	0.8490	50	50	80	100	40	50	65	90
	38	31.0	754.4	0.4910	50	65	80	100	50	65	80	100
	60	37.0	1,074.7	0.3110	65	80	100	125	65	65	90	125
	100	46.0	1,661.1	0.1870	80	100	125	150	80	90	125	150
	150	53.0	2,205.1	0.1240	80	100	150	200	80	100	150	175
	200	61.0	2,921.0	0.0933	100	125	200	200	90	125	150	200
	250	67.0	3,523.9	0.0754	125	125	200		100	125	175	
	325	74.0	4,298.7	0.0579	125	150	200		125	150	200	

8 資料 CPEVに対する電線管の太さ

CPEV－0.65mm, 0.9mm, 1.2mm

(40%)

電線管の最小太さ(管の呼び方)

ケーブル芯数	厚鋼電線管 0.65	0.9	1.2	薄鋼電線管 0.65	0.9	1.2	ねじ無し電線管 0.65	0.9	1.2	ライニング鋼管 0.65	0.9	1.2
3P	16			19			19			16		
5P		22			25			25			22	
7P			28		25	31		25	31		22	28
10P			28		31	39		31	39		22	28
15P			28		31	39		31	39	22	28	36
20P	28	36	42	31	39		31	39		22	28	36
25P	28	36	42	31	39	51	31	39	51		36	42
30P		42	54	39	51		39	51			36	42
50P	36	54	70	39	51	63	39	51	63	36	42	54
75P	42	70	82		63	75		63	75	36	54	70
100P	54	70	82		63	75		63	75	42	70	82
150P	70	82	104	63	75		63	75		54	82	92
200P	70	92		63	75		63	75		70	92	

電線管の最小太さ(管の呼び方)

ケーブル芯数	エフレックス管 0.65	0.9	1.2	合成樹脂可とう管 0.65	0.9	1.2	硬質ビニル電線管 0.65	0.9	1.2	0.65	0.9	1.2
3P				16			16	22				
5P					22			22				
7P	30				28		22	28				
10P	30				28		22	28				
15P	30				28		22	28				
20P	30			28	36	42	28	36	42			
25P		40		36		50	36	42	54			
30P		40	50	36	42		36	42	54			
50P		50	65	42			42	54	70			
75P	50	65	80	42			54	70	92			
100P	50	65	80				54	70	82			
150P	65	80	100				82					
200P	80	100	125				82					

8 資料 HPケーブルに対する電線管の太さ

HP−0.65mm, 0.9mm, 1.2mm

(40%)

ケーブル芯数	厚鋼電線管			薄鋼電線管			ねじ無し電線管			ライニング鋼管		
	0.65	0.9	1.2	0.65	0.9	1.2	0.65	0.9	1.2	0.65	0.9	1.2
	電線管の最小太さ(管の呼び方)											
2C												
3C	16			19			19			16		
4C												
3P												
4P												
5P												
10P	22			25			25					
15P											22	
20P										22		
25P	28	36		31	39		31	39		28	36	
30P												
40P	36	42		39	51		39	51			42	
50P												
60P	42	70			75		63	75		36	70	
70P				51			51					
80P	54									42		
90P												
100P	42	70		75			63			70		

ケーブル芯数	エフレックス管			合成樹脂可とう管			硬質ビニル電線管					
	0.65	0.9	1.2	0.65	0.9	1.2	0.65	0.9	1.2	0.65	0.9	1.2
	電線管の最小太さ(管の呼び方)											
2C												
3C				16			16					
4C												
3P												
4P	30											
5P												
10P				22				22				
15P							22					
20P					22							
25P				28	36		28	36				
30P					42			42				
40P				36			36	54				
50P		40	50									
60P			65	42			42	82				
70P		50										
80P							42	54				
90P				42								
100P	50	65					54	82				

8 資料 — 同軸ケーブル対電線管

(40%)

ケーブル	厚鋼電線管 1	厚鋼電線管 2	厚鋼電線管 3	薄鋼電線管 1	薄鋼電線管 2	薄鋼電線管 3	ねじ無し電線管 1	ねじ無し電線管 2	ねじ無し電線管 3	ライニング鋼管 1	ライニング鋼管 2	ライニング鋼管 3
				電線管の最小太さ(管の呼び方)								
5C-FB	16	22		19	25		19	25		16	22	
7C-FB	16	28		25	31		19	31			22	28
10C-FB	22	36		25	39		25	39			28	36
5D-FB	16	22		19	25		19	25		16		
8D-FB	22	28	36	25	31	39	19	31	39		22	28
3C-2V		16			19						16	
5C-2V		22			25		19	25			16	
7C-2V	22	28		25	31			31			22	28
10C-2V	22		36	25	39	51	25	39	51		28	36

ケーブル	エフレックス管 1	エフレックス管 2	エフレックス管 3	合成樹脂可とう管 1	合成樹脂可とう管 2	合成樹脂可とう管 3	硬質ビニル電線管 1	硬質ビニル電線管 2	硬質ビニル電線管 3
				電線管の最小太さ(管の呼び方)					
5C-FB		30		16	22		16	22	
7C-FB		30		22	28			28	36
10C-FB			40			36	22	36	42
5D-FB		30		16	22		16	22	
8D-FB		30		22	28	36		22	28
3C-2V		30			16				
5C-2V		30			22		16	22	
7C-2V		30		22	28			28	36
10C-2V			40			36	22	36	42

8 資料 通信ケーブル対電線管

電線管 薄	厚	ケーブルサイズ	市内CCPケーブル 10P	30P	50P	100P	200P
	16	0.4	●				
		0.5	●				
		0.65					
		0.9					
		1.2					
19	22	0.4	●		●		
		0.5	●		●		
		0.65		●			
		0.9		●			
		1.2					
25	28	0.4		●	● ●	●	
		0.5		●		●	
		0.65	●		●		
		0.9	●				
		1.2					
31	36	0.4			●	●	
		0.5				●	
		0.65		●	●		
		0.9		●			
		1.2					
39	42	0.4					●
		0.5			●		
		0.65			●	●	
		0.9		●	●		
		1.2					
51	54	0.4				●	
		0.5				●	●
		0.65			●		
		0.9		●		●	
		1.2					
63	70	0.4					
		0.5					
		0.65				●	●
		0.9			●		
		1.2					
75	82	0.4					
		0.5					
		0.65					
		0.9					
		1.2					

8 資料　通信ケーブル対電線管

電線管 薄	電線管 厚	ケーブルサイズ	CPEV、AEケーブル 2P	3P	5P	10P	15P
	16	0.4					
		0.5					
		0.65					
		0.9		●			
		1.2		●			
19	22	0.4					
		0.5					
		0.65					
		0.9	●		●		
		1.2	●				
25	28	0.4					
		0.5					
		0.65					
		0.9		●		● ●	
		1.2		●	●		
31	36	0.4					
		0.5					
		0.65					
		0.9				● ●	●
		1.2			● ●		
39	42	0.4					
		0.5					
		0.65					
		0.9				●	
		1.2				●	●
51	54	0.4					
		0.5					
		0.65					
		0.9					
		1.2				●	●
63	70	0.4					
		0.5					
		0.65					
		0.9					
		1.2					
75	82	0.4					
		0.5					
		0.65					
		0.9					
		1.2					

8 資料 通信ケーブル対電線管

電線管 薄	厚	ケーブルサイズ	CPEV、AEケーブル 20P	30P	50P	100P	
	16	0.4					
		0.5					
		0.65					
		0.9					
		1.2					
19	22	0.4					
		0.5					
		0.65					
		0.9					
		1.2					
25	28	0.4					
		0.5					
		0.65					
		0.9					
		1.2					
31	36	0.4					
		0.5					
		0.65					
		0.9					
		1.2					
39	42	0.4					
		0.5					
		0.65					
		0.9		●			
		1.2					
51	54	0.4					
		0.5					
		0.65					
		0.9	●		● ●	●	
		1.2	●	●			
63	70	0.4					
		0.5					
		0.65					
		0.9			●		
		1.2		●	●	●	
75	82	0.4					
		0.5					
		0.65					
		0.9				●	●
		1.2		●			

8 資料 CVケーブル許容電流表

(JCS 168-Dによる)
基底温度25℃、40℃、導体温度90℃

サイズ	空中、暗渠布設 単心 3条 S=2d	空中、暗渠布設 2心 1条	空中、暗渠布設 3心 1条	直接埋設布設 単心 3条 S=2d	直接埋設布設 2心 1条	直接埋設布設 3心 1条	管路引入れ布設 単心 4孔 3条	管路引入れ布設 2心 4孔 4条	管路引入れ布設 3心 4孔 4条	管路引入れ布設 単心 6孔 6条
1.0										
1.2										
1.6										
2.0										
2.6										
3.2										
2	31	38	23	38	39	32		25	21	
3.5	44	39	33	52	54	45		35	29	
5.5	58	52	44	66	69	58		45	37	
8	72	65	54	81	85	71		55	46	
14	100	91	76	110	115	97		75	63	
22	130	120	100	140	150	125		98	81	
38	190	170	140	190	205	170		130	110	
60	255	225	190	245	260	215		170	140	
100	355	310	260	325	345	285	310	225	185	270
150	455	400	340	405	435	360	390	285	235	340
200	545	485	410	470	505	420	460	330	275	395
250	620	560	470	525	570	470	520	370	305	445
325	725	660	535	605	650	540	600	425	350	510
400	815			670			670			570
500	920			745			750			635
600	1,005			805			820			695
800	1,285			990			990			835
1000	1,465			1,095			1,115			930

600V CV

サイズ	空中、暗渠布設 単心 3条 S=2d	空中、暗渠布設 3心 1条	空中、暗渠布設 CVT 1条	直接埋設布設 単心 3条 S=2d	直接埋設布設 3心 1条	直接埋設布設 CVT 1条	管路引入れ布設 単心 4孔 3条	管路引入れ布設 3心 4孔 4条	管路引入れ布設 単心 6孔 6条	管路引入れ布設 CVT 4孔 3条
8	78	61		82	70		76	49	68	
14	105	83		110	90		100	66	90	
22	140	105	120	140	120	135	130	84	115	90
38	195	145	170	190	160	180	180	110	160	120
60	260	195	225	250	210	235	235	140	205	155
100	355	265	310	330	280	310	310	190	270	205
150	455	345	405	415	350	390	390	235	335	255
200	540	410	485	485	405	450	455	275	395	295
250	615	470	560	545	455	510	515	310	440	340
325	720	550	660	630	525	585	595	350	510	390
400	810		750	705		650	665		565	435
500	930		855	790		725	745		635	485
600	1,040		950	865		785	820		695	525
800	1,295			1,045			990		830	
1000	1,480			1,170			1,105		925	

6600V CV

基底温度	40℃	25℃	25℃
導体温度	90℃	90℃	90℃

8 資料　VVR・CVTケーブル許容電流表

(JCS 168-Dによる)
基底温度25℃、40℃、導体温度60℃

	サイズ	空中、暗渠布設			直接埋設布設			管路引入れ布設			
		単心 3条 S=2d	2心 1条	3心 1条	単心 3条 S=2d	2心 1条	3心 1条	単心 4孔 3条	2心 4孔 4条	3心 4孔 4条	単心 6孔 6条
600V VVR	1.0	11	10	8	17	17	14		11	9	
	1.2	14	12	11	21	20	17		14	11	
	1.6	20	18	15	29	28	24		19	16	
	2.0	26	23	20	37	37	31		24	20	
	2.6	36	32	27	49	50	42		33	28	
	3.2	47	42	36	62	63	53		42	35	
	2	20	18	15	28	28	24		19	16	
	3.5	28	25	21	39	40	33		26	22	
	5.5	37	33	28	50	51	43		34	28	
	8	47	42	36	61	63	53		42	35	
	14	66	59	50	83	85	72		57	48	
	22	88	78	66	105	110	92		74	62	
	38	120	110	93	140	150	125		100	84	
	60	165	145	120	185	195	160		130	105	
	100	230	200	165	245	260	215	235	170	140	205
	150	295	255	220	305	325	270	300	215	175	260
	200	350	310	260	355	375	315	350	250	210	300
	250	400	355	300	400	425	350	395	280	230	340
	325	470	420	355	455	485	400	455	320	265	390
	400	525			505			510			435
	500	590			560			570			485
	600	645			605			620			525
	800	825			750			755			635
	1000	940			830			845			710

	サイズ	空中、暗渠布設		直接埋設布設		管路引入れ布設	
		単心×2 1条	単心×3 1条	単心×2 1条	単心×3 1条	単心×2 1条	単心×3 1条
600V CVD CVT	8						
	14	91	86	120	100	90	81
	22	120	110	155	130	115	105
	38	165	155	210	180	160	145
	60	225	210	270	230	210	185
	100	310	290	360	305	285	250
	150	400	380	450	380	360	320
	200	490	465	525	445	430	380
	250	565	535	590	500	490	430
	325	670	635	675	570	570	500
	400	765	725	750	635	635	560
	500	880	835	830	705	715	645
	600						
	800						
	1000						
基底温度		40℃		25℃		25℃	
導体温度		60℃		60℃		60℃	

8 資料 電力接地線の太さ(最小)

内規より

低圧 E_A、E_D			高圧 E_A、E_D	
低圧電動機のフレーム その他配管等の接地	ヒューズ、ブレーカ の定格(A)	接地線	過電流保護器 の定格(制定値)	接地線
2.2kWまで	30Aまで	1.6	100Aまで	2.6
3.7kWまで	50Aまで	2	200Aまで	14
7.5kWまで	100Aまで	2.6	400Aまで	22
15kWまで	200Aまで	14	600Aまで	38
37kWまで	400Aまで	22	800Aまで	60
37kW超過	600Aまで	38	1,000Aまで	60
E_A、2.6(5.5)以上 E_D、1.6　　以上	800Aまで	60	1,200Aまで	100
	1,000Aまで	60		
	1,200Aまで	100		

E_B				
変圧器一相分の容量			接地線の太さ	
100V級	200V級	400、500V級	銅	アルミ
5kVAまで	10kVAまで	20kVAまで	2.6	3.2
10kVAまで	20kVAまで	40kVAまで	3.2	14
20kVAまで	40kVAまで	75kVAまで	14	22
40kVAまで	75kVAまで	150kVAまで	22	38
60kVAまで	125kVAまで	250kVAまで	38	60
75kVAまで	150kVAまで	300kVAまで	60	60
100kVAまで	200kVAまで	400kVAまで	60	100
175kVAまで	350kVAまで	700kVAまで	100	125

備考1、算定式　接地線(A)=0.052×In　In=過電流保護器の定格電流(A)
備考2、「変圧器の一相分の容量」とは、次の値をいう。
　　　1)三相変圧器の場合は、定格容量の1/3の容量。
　　　2)単相変圧器の△、又はY結線の場合は、単相変圧器の1台分の定格容量をいう。
　　　3)単相変圧器V結線の場合
　　　　イ)同容量のV結線の場合は、1台分の定格容量をいう。
　　　　ロ)異容量のV結線の場合は、大きい方の定格容量をいう。
備考3、低圧側が多線式の場合は、その最大使用電圧で適用。
　　　例えば、1φ3W式100/200Vの場合は、200V級を適用する。

8 資料　各種感知器の設置

1、感知器は感知区域ごとに、感知器の種類及び取付け面の高さに応じて次表の面積（多信号感知器にあっては、その種類に応じて定める最も大きな面積）につき1個以上
2、次の場所で、イ、及びハ、は煙感知器を、ロ、は煙感知器又は熱煙複合式スポット型感知器を、ニ、は煙感知器又は炎感知器を、ホ、は炎感知器を、ヘ、は煙感知器、熱煙複合式スポット型感知器又は炎感知器を設ける。

取付面の高さ 感知器の種別		4m未満 耐火	4m未満 非耐火	4〜8m未満 耐火	4〜8m未満 非耐火	8〜15m未満 耐火	8〜15m未満 非耐火	15〜20m未満 耐火	15〜20m未満 非耐火
差動式スポット型 補償式スポット型	1種	90m²	50m²	45m²	30m²				
	2種	70m²	40m²	35m²	25m²				
定温式スポット型	特種	70m²	40m²	35m²	25m²				
	1種	60m²	30m²	30m²	15m²				
	2種	20m²	15m²						
煙	1・2種	150m²	150m²	75m²	75m²	75m²	75m²	75m²	75m²
	3種	50m²	50m²						

取付面の高さ 感知器の種別		4m未満 耐火	4m未満 非耐火	4〜8m未満 耐火	4〜8m未満 非耐火	8〜15m未満 耐火	8〜15m未満 非耐火	15〜20m未満 耐火	15〜20m未満 非耐火
		1種・2種						1種	
光電式分離型	送光部 受光部	イ）受光面は日光を受けない。ロ）光軸は壁から0.6m離し、当該区域の各部分から1の光軸までの水平距離が7m以下とする。ハ）送光部、受光部は背面の壁から1m以内、ニ）光軸の高さは天井等の高さの80%以上、長さは当該感知器の公称監視距離内。							
差動式分布型	空気管式のもの	イ）感知器は感知区域の取付面の各辺から1.5m以内、相互間隔9m（非耐火では6m）以下。ロ）感知器の露出部分は感知区域毎に20m以下。ハ）一の検出部の空気管接続長さ100m以下。ニ）取付面の高さは15m未満。							

注1　1—6項、9項、12項、15項、16項イ、16の2項、16の3項に限る。
注2　1—4項、5項イ、6項、9項イ、15項、16項イ、16の2項、16の3項に限る。
　イ、階段及び傾斜路
　ロ、廊下及び通路（注1）
　ハ、エレベータ昇降路、パイプダクト等
　ニ、天井等の高さが15m以上20m未満の場所
　ホ、天井等の高さが20m以上の場所
　ヘ、地階、無窓階、11階以上の部分（注2）

8 資料　制御器具番号（JEM 1090）

- 制御器具番号とは

  制御器具番号は日本電機工業会の規格で、1から99までの数字に電気設備で使用される機器・器具の種類、用途、機能の意味をもたせたものです。スケルトンやシーケンス回路では特に説明もなく使用されているので、数字が持つ「意味」を理解しておくことが重要です。

- 引用規格

  JEM 1090に関連して下記専門分野の規格がある。

JEM 1091	水力発電所用制御器具番号
JEM 1092	整流器変電所用制御器具番号
JEM 1093	交流変電所用制御器具番号
JEM 1094	火力発電所用制御器具番号
JEM 1115	配電盤・制御盤・制御装置の用語及び文字記号

- 制御器具番号

  器具の名称（品名、用途、種別など）を示す基本器具番号は、アラビア数字の1～99で表す。

制御器具番号（抜粋）

基本器具番号	器具名称	説明
27	交流不足電圧継電器	交流電圧が不足したとき動作する継電器
30	機器の状態又は故障表示装置	機器の動作状態又は故障を表示する装置
33	位置検出スイッチ又は装置	位置と関連して開閉する器具
43	制御回路切換スイッチ、接触器又は継電器	自動から手動に移すなどのように制御回路を切り換える器具
51	交流過電流継電器又は地絡過電流継電器	交流の過電流又は地絡過電流で動作する継電器
52	交流遮断器又は接触器	交流回路を遮断・開閉する器具
55	自動力率調整器又は力率継電器	力率をある範囲に調整する調整器又は予定力率で動作する継電器
59	交流過電圧継電器	交流の過電圧で動作する継電器
64	地絡過電圧継電器	地絡を電圧によって検出する継電器
67	交流電力方向継電器又は地絡方向継電器	交流回路の電力方向又は地絡方向によって動作する継電器
83	選択スイッチ、接触器又は継電器	ある電源を選択又はある装置の状態を選択する器具
89	断路器又は負荷開閉器	直流若しくは交流回路用断路器又は負荷開閉器

8 資料　諸官庁届出申請一覧（標準）

注 この表は標準的な例であり、提出書類・提出時期等は所轄官庁等と事前に十分協議する

提出時期	番号	申請・提出書類名
着工前	1	工事計画書
	2	保安規程届
	3	主任技術者選任又は解任届
	4	自家用電気使用申込
	5	電気需給契約
	6	電柱共架申請書
	7	工事整備対象設備等着工届
		＊自動火災報知設備
		＊ガス漏れ警報設備等
	8	消防用設備等（特殊消防用設備等）設置計画届
		＊非常警報（非常放送設備）
		＊誘導灯
		＊非常コンセント
	9	電気設備設置届出
	10	ばい煙発生施設設置届（常用、非常用発電機）
	11	工事計画届出（常用、非常用発電機）
	12	振動発生施設工事計画届出（常用、非常用発電機）
	13	騒音発生施設工事計画届出（常用、非常用発電機）
施工中	14	加入申込（NTT）
	15	専用申込（NTT）
	16	道路使用許可申請
	17	道路占有許可申請
竣工前	18	自主検査報告書
	19	防火対象物使用開始届
	20	消防用設備等（特殊消防用設備等）設置設置届
		＊自動火災報知設備
		＊ガス漏れ警報設備等
		＊非常警報（非常放送設備）
		＊誘導灯
		＊非常コンセント
	21	燃料電池発電設備 ／ 発電設備 ／ 変電設備 ／ 蓄電池設備　｝設置届
その他		

8 資料 諸官庁届出申請一覧(標準)

提出者名	提出期日	提出先	法令
建築主	着工30日前まで	産業保安監督部	「電事法」48条
建築主	着工前	産業保安監督部	「電事法」42条
建築主	着工前	産業保安監督部	「電事法」43条
建築主	着工前	電気事業者	電気供給約款
建築主	供給承諾時	電気事業者	電気供給約款
建築主	着工前	電柱所有者	
建築主	着工10日前まで	消防長又は消防署長	火災予防条例17条の14
建築主	着工7日前まで	消防長又は消防署長	火災予防条例
建築主	着工7日前まで	消防長又は消防署長	火災予防条例
建築主	着工60日前まで	都道府県知事又は市町村長	地方条例
建築主	着工30日前まで	産業保安監督部	「電事法」48条
建築主	着工30日前まで	産業保安監督部	「電事法」48条
建築主	着工30日前まで	産業保安監督部	「電事法」48条
建築主	利用意思決定次第	電気通信事業者	電話サービス約款
建築主	利用意思決定次第	電気通信事業者	電話サービス約款
建築主	着工前	警察署長	道路交通法
建築主	着工前	道路管理者	地方条例
建築主	着工30日前まで	電気事業者	電気供給約款
建築主	使用前	消防長又は消防署長	「火災予防条例」
建築主	工事完了後4日以内	消防長又は消防署長	消防法17条3の2
建築主	所轄消防と協議	消防長又は消防署長	「火災予防条例」

8 資料　防火対象物一覧表

防火対象物の別（令別表第一） 　　は特定防火対象物		消防用設備等の種類
(1)	イ	劇場・映画館・演芸場・観覧場
	ロ	公会堂・集会場
(2)	イ	キャバレー・カフェ・ナイトクラブの類
	ロ	遊技場・ダンスホール
	ハ	性風俗関連特殊営業を含む店舗（ニ,(1)項イ、(4)項、(5)項イ、(9)項イに掲げる防火対象物の用途に供されているものを除く）の類
	ニ	カラオケボックスの類
(3)	イ	待合・料理店の類
	ロ	飲食店
(4)		百貨店・マーケット・その他の物品販売業を営む店舗または展示場
(5)	イ	旅館・ホテル・宿泊所の類
	ロ	寄宿舎・下宿・共同住宅
(6)	イ	病院・診療所・助産所
	ロ	主として要介護状態にある者又は重度の障害者等が入所する施設、救護施設、乳児院、認知症グループホーム等
	ハ	老人福祉施設、地域活動支援センター、身体障害者福祉センター等
	ニ	幼稚園・特別支援学校
(7)		小・中・高等・高等専門の各学校・大学・専修学校・各種学校の類
(8)		図書館・博物館・美術館の類
(9)	イ	公衆浴場のうち蒸気浴場、熱気浴場の類
	ロ	イに掲げる公衆浴場以外の公衆浴場
(10)		車両の停車場、船舶または航空機の発着場（旅客の乗降・待合用）
(11)		神社・寺院・教会の類
(12)	イ	工場・作業場
	ロ	映画スタジオ・テレビスタジオ
(13)	イ	自動車車庫・駐車場
	ロ	飛行機または回転翼航空機の格納庫
(14)		倉庫
(15)		前各項に該当しない事業場
(16)	イ	複合用途防火対象物のうち、その一部が(1)〜(4)、(5)項イ、(6)項または(9)項イに掲げる防火対象物の用途に供されているもの
	ロ	イに掲げる複合用途防火対象物以外の複合用途防火対象物
(16の2)		地下街
(16の3)		地下道とそれに面した地階（特定防火対象物が存するものに限る）
(17)		重要文化財・重要有形民俗文化財・史跡・重要美術品などの建造物

8 資料 防火対象物一覧表

平成25年6月1日現在

自動火災報知設備 令第21条 全体 一般（延べ面積m²以上）	非常警報設備 令第24条 放送設備、非常ベル、自動式サイレンのうち1種 収容人員（以上） 一般	地階 無窓階
300	50	20
300	50	20
全部		
300	50	20
300	50	20
300	20	20
500	50	
300	20	20
全部	50	
300		
500	50	20
500	50	20
200	20	20
500	50	
500	50	20
1000	50	20
500	50	20
500	50	20
全部		
500	50	20
1000	50	20
300 ※13	50	20
※4		
300 ※13		20
500（300） ※2		
全部	50	20

※2 延べ面積500m²以上でかつ特定部分の床面積合計が300m²以上のもの。
※4 （1）項から（15）項までのうち、それぞれの基準面積に達した部分について設置する。
※13 （2）項ニ又は（6）項ロの用途に供される部分にはすべて設置。

■「現場チェックの勘どころ」編集委員会■

主 査	北野	勝也	技術本部	技術統轄部
委 員	反保	道雄	技術本部	安全品質保証部
	三野	敬之	京都支店	
	馬場	一	姫路支店	
	大坪	直記	滋賀支店	
	木下	明宏	大阪支社	
	久保	晃一	中部支社	
	山本	実	九州支社	
編 集	北野	勝也	技術本部	技術統轄部
	山本	実	九州支社	

参考文献

『施工要領書作成の手引き(電気設備編)』 ㈱きんでん

- 本書の内容に関する質問は，オーム社ホームページの「サポート」から，「お問合せ」の「書籍に関するお問合せ」をご参照いただくか，または書状にてオーム社編集局宛にお願いします．お受けできる質問は本書で紹介した内容に限らせていただきます．なお，電話での質問にはお答えできませんので，あらかじめご了承ください．
- 万一，落丁・乱丁の場合は，送料当社負担でお取替えいたします．当社販売課宛にお送りください．
- 本書の一部の複写複製を希望される場合は，本書扉裏を参照してください．

JCOPY <出版者著作権管理機構 委託出版物>

電気工事 現場チェックの勘どころ ポケットハンドBOOK

2015年 4月 1日　第1版第1刷発行
2021年 3月10日　第1版第8刷発行

編　者　株式会社 きんでん
発行者　村 上 和 夫
発行所　株式会社 オーム社
　　　　郵便番号　101-8460
　　　　東京都千代田区神田錦町3-1
　　　　電話　03(3233)0641(代表)
　　　　URL　https://www.ohmsha.co.jp/
© 株式会社 きんでん 2015

印刷・製本　三美印刷
ISBN978-4-274-50558-4　Printed in Japan